查有梁 著

Mechanics and space flight

# 力学与航天

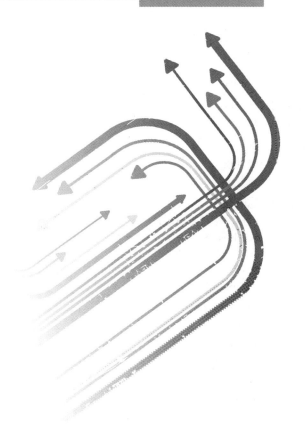

四川科学技术出版社

图书在版编目（CIP）数据

力学与航天/查有梁著.–成都:四川科学技术出版社，2014.3（2025.3重印）

ISBN 978-7-5364-7635-6

Ⅰ.①力… Ⅱ.①查… Ⅲ.①圆锥曲线 – 基本知识 ②牛顿力学 – 基本知识 ③星际飞行 – 基本知识 Ⅳ.①O123.3 ②O3 ③V529.1

中国版本图书馆CIP数据核字（2014）第031560号

# 力 学 与 航 天
## LIXUE YU HANGTIAN

| | |
|---|---|
| 著　　者 | 查有梁 |
| 出 品 人 | 程佳月 |
| 选题策划 | 肖　伊 |
| 责任编辑 | 吴　文 |
| 营销策划 | 程东宇　李　卫 |
| 封面设计 | 张维颖 |
| 版面设计 | 虫　虫 |
| 责任出版 | 欧晓春 |
| 出版发行 | 四川科学技术出版社 |

成都市锦江区三色路238号　邮政编码 610023

官方微博 http://weibo.com/sckjcbs

官方微信公众号 sckjcbs

传真 028-86361756

| | |
|---|---|
| 成品尺寸 | 146 mm × 210 mm |
| 印　　张 | 6.625 |
| 字　　数 | 125 千 |
| 印　　刷 | 成都蜀通印务有限责任公司 |
| 版　　次 | 2014年3月第 1 版 |
| 印　　次 | 2025年3月第 7 次印刷 |
| 定　　价 | 38.00元 |

ISBN 978-7-5364-7635-6

邮购：成都市锦江区三色路238号新华之星A座25层　邮政编码：610023

电话：028-86361770

谨以此书 ＞＞＞＞＞

# 纪念钱学森　　献给中学生

手捧此书新版献给成都七中建校
一百二十周年

——校友　李有梁

钱学森先生(右)与作者,1987 年摄于北京

# 目　录

力学与航天

# 序

《力学与航天》的出版有两个目的:纪念钱学森;献给中学生。

## 一、纪念钱学森

钱学森先生(1911—2009)是一位战略性的科学家和前瞻性的教育家。他开创《工程控制论》《物理力学》《星际航行概论》三门新学科;他具体指导了中国的"两弹一星"研制成功,作出了巨大贡献;他为人类的航空航天事业培养了大批杰出人才;他提倡科学技术、文学艺术、哲学社会科学紧密结合,将中华传统文化与西方现代科学融会贯通;晚年,他提出"系统工程学""知识体系学"和"大成智慧学"三大学问。功勋卓著,功不可没,功德无量。

《力学与航天》这本科学普及读物,首先就是:纪念钱学森。

1963 年,当我刚从西南师范大学物理系毕业,分配到成都七中作物理教师,就在这一年,我认真拜读了钱学森先生的著作——《星际航行概论》。经过 8 年思考,我应用一种新的方法,推导出了天体运行统一的能量方程,由此方程很简明地得出天体运行的离心率公式,还得出一些新的结果,如推导出引斥力的新公式等。我的新方法,可以简化经典力学的传统推导方法。①

---

① 查有梁.引力定律的新研究[J].大学物理,1996(2-3).

1970 年,中国第一颗人造地球卫星发射成功的喜讯,促使我完成了一本科普著作《牛顿力学与星际航行》。由于种种原因,此书 1991 年才由四川科学技术出版社出版。我写作《牛顿力学与星际航行》的直接源泉与动力来自于钱学森先生的著作。1993 年12 月,我同时将《牛顿力学与星际航行》《系统科学与教育》寄给钱老。因为,我的这两本书都是在钱老直接指导和启示下完成的。收到我寄去的书后,钱老很快看完,并给我写了第三封信,该信手稿如下:①

610072

四川省 成都市 青羊宫 四川省社会科学院人才所

查有梁同志:

    您 12 月 8 日来信并贺年,还寄来尊作

    1)《牛顿力学与星际航行》1991年

    2)《系统科学与教育》1993年。

此皆收到,我十分感谢!

    《牛顿力学与星际航行》实际是讲太阳系内的航行,能用"星际"二字吗?我国习用名称是"航天"。

    就说太阳系内的航行您的书似也未提及用行星的引力改变航天飞行器轨道的计策;也未提及三体运动可能出现的混沌。这些您可能认为是小

① 查有梁.再读钱学森先生的 3 封来信［N］.科学时报,2007 - 09 - 28（B2）.

问题!

　　《系统科学与教育》诚然比今天朱开轩主任领导的国家教育委员会要先进得多,您也说22岁的硕士是可能的。但系统科学是由50年代就发展起来的,而今天是信息革命的时代了。信息革命实是第五次产业革命,也当然要改造教育:

(一) 我在1989年《教育研究》文就说21世纪的中国要让小孩4岁入基础教育学校,18岁就成硕士。

(二) 是什么样的18岁硕士? 请想想:在16世纪"文艺复兴"时,出现的名人学者都是全才,科学、技术、艺术无所不能。到了第三次产业革命(即"工业革命")才分化出科学、技术、社科、文艺四大门,没有全才。但到了第四次产业革命,发展到了30年代,就出现了理工结合的大学教育,我在美国就是接受这种教育的。(我的博士学位就是航空与数学)。事物又继续发展,到了第五次产业革命的今天,在国外又出现兼理工社科的博士。所以我想21世纪中国的18岁硕士应是全才,但又是专才,全与专辩证统一:即全可变专,改一专业只要大约一个月的锻炼就成了,甚至一个星期的改业学习就成了。

(三) 这能行吗? 能! 用电子计算机和信息网络!

人的智慧不只来源于人脑,还有计算机和信息网络,是人·机结合的智慧!

有梁同志:美国不是在花大钱建立信息收据高速通道( Data Superhighway )吗?听!时代的钟声响了,千万不要落伍呀!我们都不能落后于时代!让我们共同努力吧!

此致

敬礼! 并恭贺

新年!

钱学森
1993·12·18

收到钱老的第三封信,我深受教益和启迪,同时,也感到钱老的信对整个教育界、科技界都意义重大。1994 年 1 月,我给钱老回信如下:

尊敬的钱学森老师:

您好! 1993 年 12 月 18 日来信收到,非常感谢!

您的意见很对。拙著《牛顿力学与星际航行》,如能再版,一定遵照您的意见改为《力学与航天》。并增加"用行星的引力改变航天飞行器轨道的计算"以及"三体运动可能出现的混沌"等题目。我将进一步研究如何才能将这些较深的问题深入浅出地讲明白。

4

　　您设想"21世纪中国的18岁的硕士应是全才",最好兼通理、工、社、艺;"但又是专才,全与专辩证统一"。这是有远见的。事实上,只有博,才可能深专;只有专,才可能真博;博专结合,才可能有创造。

　　您进一步提出用"人脑+电脑+网络"的办法去实现上述设想,说明您的设想是"可行"的。这是一项具有超前预见的真正的教育革新。我的理解是:学生们只需记住最基本的信息,而不必死记硬背过多的"条条",枯燥无味;学生们应当学会解决最有意义的问题,而不必在"题海战术"中浪费生命;学生们应当主动地去索取知识,获得能力,而不必强制去应付太多的考试,损伤身体。办学多样化,是国际性的潮流,没有必要强求一个模式。信息革命,已迫使教育不得不革新。您的想法是有吸引力的,定会促使许多人去为之努力。我就是其中愿意去实践的人之一。

　　祝全家春节快乐!

查有梁

1994年1月6日

　　钱学森先生给我的第三封来信,已经20年了。再读钱学森先生的来信,我们会看到,他提出的教育改革的设想,仍然具有前瞻性。2013年,风靡全球,被称之为MOOC(Massive Open Online Courses)的"大规模开放在线课程",或译为"大规模网络公开课",又直译为"慕课"。这就正是钱学森先生20年前提出的:"人的智慧不只来源于人脑,还有计算机和信息网络,是人与机结合的智慧!"

## 二、献给中学生

2005 年,北京海淀实验中学,在钱学森先生同意之下,创建了全国第一个"钱学森班",经过 8 年的努力,学校得到很大发展,学生成长进步十分显著。这说明以钱学森为榜样,会给中学生的成长带来很大的激励。

2013 年 10 月 10 日,我应邀前往北京市海淀实验中学,给教师们讲《钱学森大成智慧教育》,并参加了海淀实验中学的"钱学森教育思想研讨会"。我提出了几点具体建议。同时,给老师们说:我将给"钱学森班"的每一位学生送一本科普书——《力学与航天》,并作为"钱学森班"的一门选修课。让我试试,看看效果。如果较好,今后,就由学校的物理教师来承担这门选修课。我会具体帮助物理教师上好这门选修课。这也算我感恩钱学森先生的一个具体行动,为"钱学森班"做一件实事。

2013 年 10 月 12 日,我收到北京市海淀实验中学学校领导,董红军书记发来的电子邮件:

"我有一种感觉,也许若干年之后,前天下午您关于钱学森大成智慧教育的报告和昨天上午我们的钱学森教育思想研讨会,会是海淀实验中学发展的一个重要里程碑。您的到来,您独到的眼光和深刻的思考对我们产生了巨大的影响,学校发展的重点,现在有了一个重要的新起点。很多工作,就有了启动的第一脚油……您带来的'力学与航天'选修课,就是其中一个很好的切入点了。"

在 1992 年,我就为成都七中的高中学生专题讲授过《牛顿力学与星际航行》这本书的主要内容。新出版的《力学与航天》,我当然要再次送给我担任过物理教师的成都七中的高中同学,还要送给我的母校成都石室中学的高中同学,并乐于帮助中学物理教师开设《力学与航天》这门选修课。

2012 年,我为成都七中(高新区)高中二年级的同学作了"选择榜样,立志成才"的报告,大家反响很好。同学们自己组织的"七中高新校区科协"给我发来热情洋溢的信件。我给同学们发去《试答钱学森之问》等文章。我感到,还应当将选择的榜样具体化。2013 年 11 月 20 日,我应邀再次为成都七中(高新区)高中二年级 15 个班的学生作报告:《钱学森的成才之道对我们的启发》。

我开门见山就说:我希望同学们选择钱学森为榜样,立志成为各行各业中"能创新、会创价"的杰出人才。"创新"指:知识创新,技艺创新,事业创新;"创价"指:社会创价,经济创价,人生创价。"价值"是:满足人们的实际需要。"目标"是:发现价值,实现价值,拓展价值。

我提了一个要求:请每一位同学用三句话,对钱学森先生作出你们自己的评价。然后,我随机选五个班,让班长在这里向大家宣读你们对钱学森先生作出的三句话评价。结果,同学们都用自己的话语来评价了钱学森先生,让我非常满意。

例如,13 班的同学对钱学森的评价是:"以国为根,隔海归国谱拳拳之心的爱国人;以知为本,潜心研学成学术巨擘的科学家;

以苦为战,艰辛卓绝创科技辉煌的奋斗者。"

接着,我展示了 2008 年,钱学森被评为"感动中国 2007 年度人物"时,中央电视台宣读的颁奖词的三句话是:

"在他心里,国为重,家为轻,科学最重,名利最轻。5 年归国路,10 年两弹成。他是知识的宝藏,是科学的旗帜,是中华民族知识分子的典范。"

我对钱学森先生的三句话评价是:

钱学森先生是一位战略性的科学家和前瞻性的教育家。他为人类的航空航天事业培养了大批杰出人才。他提倡科学技术、文学艺术、哲学社会科学紧密结合,将中华传统文化与西方现代科学融会贯通,集大成,得智慧,善创新。

钱学森少年时代就读于北京师范大学附属中学,受到良好的教育。在基础知识、基本技能、基本态度、基本方法,这"四基"方面,都打下了扎实的基础。钱学森自己认为给予他一生成长影响最大的 17 人,其中有 7 位是中学教师。国文老师董鲁安、生物学老师俞君适、美术音乐老师高希舜、化学老师王鹤清、几何老师傅仲孙、伦理学老师(校长)林砺儒。

钱学森在中学时代的学习生活,对于我们当代的中学生有很大的启发。这与钱学森晚年提倡"大成智慧学"也有密切关系。

钱学敏教授在《钱学森科学思想研究》中对"大成智慧学"这样写道:

"如何尽快提高人们的智慧,以适应新世纪发展的需要?这是钱学森几十年来,尤其是近十年来,着力探索与思考的时代课题。他认为这是件大事,很重要,其意义甚至不亚于当年'两弹一星'的研制、发射。他所倡导的'大成智慧学'简要而通俗地说,就是引导人们如何尽快获得聪明才智与创新能力的学问。"①

钱学森认为,实施"大成智慧学"其意义不亚于"两弹一星"。

将"大成智慧学"的思想应用于教育,就是"大成智慧教育"。

1993年10月7日,钱学森先生提出了培养"18岁的大成智慧学的硕士"。钱学森关于"大成智慧教育"设想有:(1)大成智慧教育必须理、工、文、艺结合,"必集大成,才能得智慧。"(2)大成智慧教育重在理论与实践相结合。(3)大成智慧教育要把哲学与科学技术相结合起来。(4)大成智慧教育必须加强情感和品德的教育。(5)大成智慧教育将是一场伟大的革命。②

钱学森期望中学生"人人大学毕业成硕士",成为"大成智慧学的硕士";打好坚实的基础,作出更大的创新。

幸福啊!中学生们,你们遇上了实现"中华民族伟大复兴的中国梦"的光明时代,以钱学森为榜样,努力啊!

作者 2013 年 12 月 11 日<br>写于四川成都百花潭公园

---

① ② 钱学敏.钱学森科学思想研究[M].西安:西安交通大学出版社,2010:84;182－194.

2025 年春，学校开学，查有梁送给中学生的短诗：

# 学问歌

学问学问，有学有问。
勤学勤问，好学好问。
只学不问，等于不学。
只问不学，等于不问。

学问融合，方有效果。
学问分割，虚无寂寞。
学问思辨，知行统一。
大成智慧，师生快乐。

学问之道，道法自然。
中华古典，农医天算。
科技工数，熟读经典。
语文数学，基础夯坚。

人工智能，这是什么？
深度求索，为什么好？
你有问题，如何操劳？
学问并举，知识奥妙。

2025 年 2 月 18 日
查有梁于四川米易

# 前　言

　　圆锥曲线、天体运行、万有引力、能量守恒以及人造卫星与航天——这些吸引人的内容，无论从历史发展，还是逻辑演绎来看，都是相互密切联系的。圆锥曲线是数学上研究的题目；天体运行是天文学观测的对象；万有引力和能量守恒是力学、物理学研究的内容；人造卫星和航天则是现代空间科学探讨的一个重要部分。这本小册子就是想从整体上、从相互联系上来论述这些内容。

　　为什么天体会按圆锥曲线的轨道运行呢？应用牛顿力学三定律、万有引力定律、能量守恒和转化定律，便能够对天体运行的规律给出一种解释；同样，应用上述物理原理，又能够对发射人造卫星和航天的运行轨道，给出理论推算。在天体运行的轨道中，无论是圆（$e=0$）、椭圆（$0<e<1$）、抛物线（$e=1$），还是双曲线（$e>1$），都有一个表征天体运行轨道的重要参数——离心率 $e$，它表征了轨道的形状。可又是什么因素来决定天体运行轨道的离心率呢？

　　辩证唯物主义和现代物理都已经论证了空间、时间是物质运动存在的形式。那么，天体运行的几何规律与天体运行的物理规律必然有着密切的联系。在这些观点的启发下，作者研究了发射人造地球卫星这一物理模型。人造地球卫星运行的轨道不仅决

定于发射点距地心的距离和发射卫星时速率的大小,而且也决定于发射卫星时的角度。速度的方向即轨道的切线方向。由此物理模型,作者提出一种新的坐标,即切线坐标,并用切线坐标来研究圆锥曲线与天体运行。由于切线坐标比之于直角坐标和极坐标能更好地反映出几何规律与物理规律的相互联系,因此应用切线坐标可较为简单地得到天体运行的统一的轨道方程、统一的能量方程以及天体运行的离心率公式。

本书没有采用经典力学中求解二阶微分方程的方法去求出离心率公式。这样便能够使得具有中学水平的广大读者也能初步定量地了解天体运行的基本规律。在讨论人造卫星与航天轨道的问题时,我们着重从能量方程来研究。为了使读者逐步深化数学的应用和对物理原理的理解,先在正文中用初等数学方法阐述问题,然后在附录中用高等数学方法予以论证、概括和提高。

在这本小册子的"继续探索"中,作者还提出建立引斥论的设想,并在附录中具体推出引斥力公式——它包括了牛顿的引力公式和牛顿引力公式中所没有的斥力部分。作者还推导出广义不确定原理,海森伯不确定原理包容在其中。期望这些新的研究能引起读者的兴趣和钻研。

本书除了作为导言的"历史回顾"和作为尾声的"继续探索"外,主体部分有3章。第一章讲述圆锥曲线的性质,作者应用了新的方法,得到了一些新结果;第二章讲述天体运行的规律,论述了天体的运动学和动力学,得到了天体运行统一的能量方程;第三章是在前面两章的基础上,讲述了人造卫星和航天的发射和轨道等问题。本书的每一章前后以及全书前面,都附有"结构图"。掌握各章以及全书的结构,同时读懂各章内的论述与证明,按照"整体→部分→整体"这种科学的方法去阅读和理解,读者或许就能体验到思考的愉快。果真如此,那即是对作者的最大安慰。

作者给中学生以及理科和文科的大学生、研究生上过一些课程。他们常常误认为作者的记忆力强,其实,自我感觉和测量结果则是非常一般。符合人的记忆的实验统计结果:短时记忆一个组块要 0.5 秒以上,长时记忆一个组块要 8 秒以上,而真正掌握应用一个组块至少反馈 20 次以上。作者甚至认为不能记忆得太多,记忆上花费的工夫过多,反而会影响创造力。记忆与忘却各有优点。为此,献给读者一首小诗:

## 记忆与忘却

我能记忆,
但更多是忘却。
忘却一切无意义、不愉快的东西,
剩下的就是智慧和快乐。

我会忘却,
但更会记忆。
忘却那彼此无关的孤立细节,
记忆事物活生生的整体联系。

# 全 书 结 构

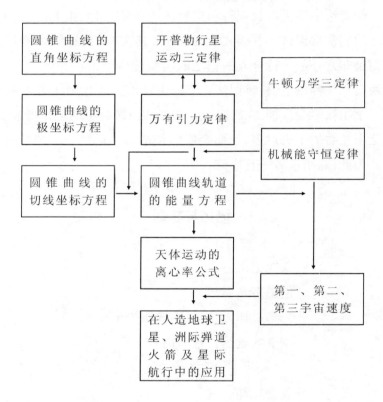

➤ ➤ ➤ ➤ ➤

　　有一种内部的或者直觉的历史,还有一种外部的或者有文献证明的历史。后者比较客观,但前者比较有趣。使用直觉是危险的,但在所有各种历史工作中却都是必需的,尤其是要重新描述一个已经去世的人物的思想过程时更是如此。

　　　　　　　　　　——爱因斯坦(见《爱因斯坦文集》第一卷)

# 历史回顾要目

# 历史回顾

## 一、认识天体运行的规律需要天文学、数学和力学

1970 年 4 月 24 日,中国成功地发射了第一颗人造地球卫星。《新闻公报》上公布了:"卫星运行轨道,距地球最近点 439 公里,最远点 2 384 公里,轨道平面和地球赤道平面的夹角 68.5°,绕地球一周 114 分钟。卫星重 173 公斤,用 20.009 兆周的频率,播送《东方红》乐曲。"

40 多年来,中国又相继成功地发射了上百枚人造地球卫星,包括地球同步通讯卫星、返回式遥感卫星、试验气象卫星(沿极地轨道运行,又称太阳同步卫星)等等。出色地完成了将人造地球卫星准确收回地面和为包括美国在内的其他国家发射人造地球卫星的工作。这些都标志着中国的空间科学发展到一个新的水平。"长征"号运载火箭、"神舟"号飞船、"嫦娥"号探测器、"玉兔"号月球车,这些就是中国航天成就的一个个里程碑。

人们会问:人造地球卫星运行的轨道是怎样的?为什么行星、卫星、彗星等自然天体以及人造卫星、人造行星等人造天体能够沿一定的轨道运行呢?发射人造卫星时发射速度、发射角度与轨道形状有什么关系呢?能不能仅仅根据近地点和远地点的距离计算出

17

人造地球卫星轨道的大小、形状、周期、发射速度呢……要初步定量地回答这些问题，需要天文学、数学和力学的基础知识。

天文学、数学和力学从一产生起便是由生产所决定、所推动，同时它们之间又有着密切的联系，是相互影响、相互促进的。恩格斯指出："必须研究自然科学各个部门的顺序的发展。首先是天文学——游牧民族和农业民族为了定季节，就已经绝对需要它。天文学只有借助于数学才能发展，因此也开始了数学的研究——后来，在农业发展的某一阶段和在某个地区（埃及的提水灌溉），而特别是随着城市和大建筑物的产生以及手工业的发展，力学也发展起来了。不久，航海和战争也都需要它——它也需要数学的帮助，因而又推动了数学的发展。这样，科学的产生和发展一开始就是由生产决定的。"（恩格斯. 自然辩证法［M］. 北京：人民出版社，1971：162.）

## 二、中国古代对天文学、数学和力学的贡献

伟大的中国是世界文明发达最早的国家之一。在天文学、数学和力学方面，中国古代的先民对人类曾经作出了巨大的贡献。

在天文学方面，早在公元前 2800 年，就已经对星空进行了许多观测。日食、月食、彗星、太阳黑子等等天象，都是中国最早观测到的，并且有着最古老、最系统的记载。早在公元前 240 年，中国古人就观察到了哈雷彗星，并对这颗彗星每一次接近太阳都作了记载。英国天文学家哈雷确定这颗彗星是在 1682 年。公元前 104 年，落下闳等人创立了《太初历》，建立了一个在系统观测基础上的宇宙体系；他研制了浑天仪，提出浑天说；建立包括 28 宿和

24 节气的系统,把天文、历法、数学、气象、农业有机地结合起来。落下闳系统的逻辑数理结构之美,并不逊色于后来古希腊托勒密系统的几何结构。

地球在运动的假说以及大地为球形的假说,早在公元 1 世纪就开始在中国出现并传播了,远远早于西方各国。在中国,很早就有人提出地球运动的看法,说"地体虽静,而终日旋转,如人坐舟中,舟自行动,人不能知。"(《尚书纬·考灵曜》,引自朱文鑫《历法通志》,第 139 页)中国古代天文学家张衡(78—139)对大地为球形曾作过生动的说明,他说:"浑天如鸡子,天体圆如弹丸。地如鸡中黄,孤居于内。天大而地小,天表里有水,天之包地,犹壳之包黄。"(《经典集林》)唐代思想家柳宗元(773—819)在《天对》中,针对屈原在《天问》中提出的:"出自汤谷,次于蒙汜。自明及晦,所行几里?"(即是问:"太阳起落,从早到晚要走多少里路呢"?)答道:"辐旋南画,轴奠于北。孰彼有出次,惟汝方之侧! 平施旁运,恶有谷汜! 当焉为明,不逮为晦……"(就是说:"大地和太阳的方位,同辐和轴的关系一样,在不断变化。哪里是太阳有升起和止息,是你跟太阳的方位在改变罢了! 大地本身在运动,对着太阳的地方就是白天,背着太阳的地方就是黑夜。")柳宗元在这里明确地提出了地动的思想。

在数学方面,早在公元前 2 世纪,在中国的算书《周髀算经》上就记载了著名的勾股定理和陈子模型。此书指出,在大禹时代,即在公元前 2 000 多年,中国的祖先就已开始应用勾股定理了,这比毕达哥拉斯发现此定理早 1 000 多年。在 3—4 世纪的魏晋时期,中国古代数学家刘徽就发明了"割圆术",利用圆内接正多边形来逼近圆面积。他在《九章算术注》中写道:"割之弥细,所

19

失弥少。割之又割,以至于不可割,则与圆合体而无所失矣。"在这里,他明确地提出了极限的方法,其基本思想是利用已知来逼近未知,利用有限来逼近无限——这正是近代微积分学的最基本的思想。公元 5 世纪,祖冲之(429—500)发展了刘徽的思想,以极高的精确度确定了圆周率 π。公元 6 世纪,中国数学家发明了等间距内插法,公元 7 世纪又发明了不等间距的内插法,等等。这些发现及发明都是科学史上永放光芒的篇章。

力学方面,早在公元前 480—前 380 年间,墨子及其学派,就对力学原理作出了许多重要贡献。这里要着重指出,与人造卫星和星际航行有关的火箭是中国最先发明的。钱学森在《星际航行概论》中写道:"我们的祖先很早就有了飞到天空去的理想,给我们留下了如像嫦娥奔月等许多美丽的幻想。而为实现这些幻想开辟道路的首先是我国的劳动人民。我国劳动人民是火箭的发明者:早在宋真宗咸平 3 年(1000 年)唐福献应用火箭原理制成了战争武器,而后才逐渐传到外国,为其他国家所掌握。"13 世纪,秦九韶(1202—1261)在《数书九章》中,给出了"缀术推星"的解答。他应用类似匀变速运动的规律,计算天体的表观运动。这正是后来伽利略—牛顿所应用的方法。秦九韶把观察测量与数学演绎结合起来——这是力学的一种基本方法。中国古代的许多观测仪器、音乐乐器和各种建筑等,那更是力学、数学和美学的高度融合。

## 三、落下闳系统与托勒密系统之比较

落下闳(公元前 156—前 87),字长公,巴郡阆中人(今四川阆中人)。在他所创建的《太初历》(公元前104年颁布)中,提出了一个"地球中心说"的"代数体系",可称为"落下闳系统",其天文观察之精密,逻辑体系之完整,堪称古代中国天文学集大成者。

托勒密(Claudius Ptolemaeus,90—168),提出了"地球中心"说的"几何体系",可称为"托勒密系统",成为古代希腊天文学集大成者。他的一本巨著《天文学大成》(Almagest,约公元151年完成),比落下闳的《太初历》晚了250多年。与当时世界各国比较,落下闳系统的成就是非常杰出的。

落下闳系统(Lohsia Hung's System),简称 L 系统;托勒密系统(Ptolemaeus System),简称 T 系统。两者进行比较,可以明显地看出古代中国的天文学与古代希腊的天文学的异同。

L 系统与 T 系统都是以地球为中心的系统,这是相同的,但是L 与 T 所采用的坐标系是不同的。L 采用的是赤道坐标系,T 采用的是黄道坐标系。由于落下闳选择的是赤道坐标系,这一坐标系不可能将日、月、五星(水星、金星、火星、木星、土星)描述在二维的平面内,因而是三维的;托勒密选择的是黄道坐标系,所以,这一坐标系能近似地将日、月、五星描述在一个二维的平面内。从天文观测的实践可知,同时对太阳和其他恒星的观测是不可能的,于是就有冲日法和偕日法两种方法供选择。L 系统采用赤道坐标系,北极星和子午线是重要的背景,应选择冲日法,而不是偕日法;T 系统采用黄道坐标系,以黄道附近恒星在日出前或日没后的位置为重要背景,则选择偕日法,而不是冲日法。

虽然在现代,世界各国已都采用的是赤道坐标系,但在欧洲,从第谷开始才抛弃黄道坐标系。李约瑟曾指出:"中国人坚持使用后来通行世界的赤道坐标系,因而我们不能不思考一下,究竟

是哪些影响促使第谷抛弃那种作为希腊—阿拉伯—欧洲天文学的特点的黄道坐标系。"（参见英国剑桥大学 1979 年出版的李约瑟所著的《中国科学技术史》英文版第 Ⅲ 卷第 372 页。）从理论上看,赤道坐标系与黄道坐标系是等价的,两个坐标系之间可以转化。但是,从天文观测的实际看,赤道坐标系优于黄道坐标系。L系统的赤道坐标是以时间作为计量,是平均的和周日的;T系统的黄道坐标系则是以角度作为计量,是真实的和周年的。

当然,我们并不能因为当今世界都采用赤道坐标系,而全盘否定托勒密的黄道坐标系。事实上,正因为托勒密采用了黄道坐标系,才可能建构古希腊天文学的几何结构。因为,在黄道坐标中,日、月、五星近似地在一平面内,便于简化为本轮—均轮系统。这也就不难理解,落下闳系统为什么不是一个几何结构,而是一个代数结构。因为在赤道坐标系中,日、月、五星的运行轨道很复杂,只能观察和计算它们的各种会合周期。将 L 系统与 T 系统相比较,可以得知 L 系统是深刻的、代数的,T 系统是简明的、几何的。

落下闳与托勒密还都研制了天文观测仪,对天体运行进行过实际观测。

落下闳研制了浑天仪和浑天象,托勒密也研制了浑天仪和天球仪。由于落下闳是采用赤道坐标式的浑仪,而托勒密是采用黄道坐标式的浑仪,因而 L 系统中的浑仪和 T 系统中的浑仪是有明显差异的。李约瑟写道:"是什么原因使得第谷在 16 世纪放弃古老的希腊—阿拉伯黄道坐标和黄道浑仪,而采用中国人一向使用的赤道坐标呢? 赤道浑仪曾被认为是欧洲文艺复兴时期天文学方面的主要进步之一,而中国人却早已使用。"（参见英国剑桥大学 1979 年出版的李约瑟所著的《中国科学技术史》英文版第Ⅲ卷第 378 – 379 页。)

落下闳与托勒密由于研制浑仪,实际上是做出了一个天体运行的"物理模型",在理论上必有建树。落下闳创立"浑天说",而托勒密则完善了"地心说",两人在天文学上,都作出了重大贡献。(参见四川辞书出版社 2011 年出版的查有梁所著的《世界杰出天文学家落下闳》。)

## 四、哥白尼的地球运动说是近代科学的开端

从世界科学发展史来看,近代自然科学的发展,是从波兰天文学家哥白尼(1473—1543)开始的。1543 年,哥白尼的《天体运行论》出版。哥白尼否定了古代托勒密的"地球静止说",而提出了"地球运动说"。哥白尼论证了各大行星包括地球在内,都在围绕太阳以圆形轨道运动。哥白尼关于地球运动的学说,对于人们心目中的世界图像及自然科学来说,是一个伟大的变革。正如恩格斯所评价的那样:"从此,自然科学便开始从神学中解放出来……科学的发展从此便大踏步地前进,而且得到了一种力量,这种力量可以说是与从其出发点起的(时间的)距离的平方成正比的。"(恩格斯. 自然辩证法[M]. 北京:人民出版社,1971:8. )

哥白尼学说的传播充满着斗争。在国外,这一学说受到了以教会为代表的一切反动势力的残酷迫害,他们甚至把宣传哥白尼学说的哲学家布鲁诺活活烧死。当哥白尼学说在清代传到中国后,当时封建统治者的御用文人阮元之流胡说什么"天道渊微,非人力所能窥测"。他攻击哥白尼的学说是什么"上下易位,动静倒

置。离经叛道,不可为训"。然而,人类要进步、生产要提高、科学要发展,真理终归战胜了谬误。

哥白尼的地球运动说创立不到 100 年,德国天文学家开普勒(1571—1630),根据他的老师、丹麦天文学家第谷·布拉赫观测行星位置的大量数据,于 1609—1619 年发现了行星运动三定律。意大利物理学家伽利略(1564—1642)用他自制的天文望远镜,发现了木星的卫星、金星的位相、土星的光环、月球的山谷等等,均有力地证明了哥白尼学说的正确性。同时,伽利略在实验的基础上,发现了自由落体定律、惯性定律等,更为力学的飞跃发展奠定了基础。

## 五、从第谷的天文观测到开普勒发现行星运动定律

第谷(Tycho Brahe, 1546—1601),丹麦天文学家。他曾制造过许多精密的天文仪器,数十年如一日,坚持天文观测。第谷指出,是一个"技术上的原因"使他宁愿选用赤道浑仪。这一转变的原因尚需进行多方面的研究。第谷曾经提出过一种介于托勒密地球中心系统和哥白尼太阳中心系统之间的宇宙体系。1600 年,他邀请开普勒做他的助手。1601 年 10 月,第谷逝世。他将自己多年积累的天文观测资料数据赠送给开普勒,为开普勒发现行星运动三定律打下了坚实的基础。

开普勒(Johannes Kepler, 1571—1630),德国天文学家。开普勒集中精力,用很长时间对第谷的天文观测资料进行数学分析,试图从这些观测数据中发现规律。他按照火星做匀速圆周运动

来推算,无论用托勒密系统、哥白尼系统,还是第谷系统,都与第谷的天文观测的数据不一致,误差最大有 8′。随后,他改用各种不同的几何曲线来表示火星的运动轨迹,终于发现"火星沿椭圆轨道绕太阳运行,太阳处于焦点的位置"。接着,他还发现其他行星和月球的运动轨迹也是椭圆轨道。终于,开普勒行星运动第一定律的发现,大大改进了哥白尼系统。此后开普勒又发现:虽然火星运行的速度是不均匀的,但是,从任何一点开始,火星在单位时间内,矢径(又译为向径)扫过的面积是不变的。于是有了开普勒行星运动第二定律:"行星的矢径,在相等的时间内扫过相等的面积。"1609 年,开普勒将这两个定律写进了《新天文学》一书之中。

　　开普勒行星运动定律发现的科学哲学意义在于:寻找自然界的规律,就是要在变化之中探索不变性。这即是后来物理学研究中的"对称性原理"。开普勒在"对称性原理"的"暗暗"指引下,又经过 10 年的探索。1619 年,开普勒在他出版的新书——《宇宙谐和论》中,发表了开普勒行星运动第三定律:"行星公转周期的平方等于轨道半长轴的立方。"这又是在变化之中探索不变性。开普勒行星运动三个定律的发现为现代天文学奠定了基础,直接导致 1687 年牛顿在他的《自然哲学之数学原理》中公布"万有引力定律"的发现。

　　当代,有了电子计算机,用"人工智能"的方法,只要输入天文观测的数据,几分钟就可以重新发现开普勒行星运动三定律。可在 300 多年之前,毕竟没有电子计算机,开普勒在那个时代的天文数学发现,实在是功不可没啊!

## 六、牛顿的力学预言了发射人造天体的可能性

英国物理学家牛顿（1642—1727）总结了前人在天文学、数学、力学上的成果，发现了牛顿力学三定律和万有引力定律，并用这些定律圆满地解释了天体的运行。同时牛顿还预言了发射人造天体的可能性。

牛顿在《自然哲学之数学原理》中写道："一个抛射体，如果不是由于重力的作用，就不会回到地面，而会沿着直线飞出去；并且如果能把空气阻力消除掉，它就会以等速运动飞出去。只是由于它所受的重力才使它不断从其直线路程中偏离出去而掉向地面，并视重力和运动速度的大小而决定这种偏离的多少。物体所受的重力或其物质的量愈小，或者用以抛射的速度愈大，则它与直线路程的偏离就愈小，抛射得也就愈远。如果从山顶用弹药以一定的速度把一个铅球平射出去，那么它将沿着一条曲线射到两里以外才落到地面；如果能消除掉空气阻力，而且发射速度增加到 2 倍或 10 倍，那么铅球的射程也会增加到 2 倍或 10 倍。而且用增加发射速度的办法，我们可以随意增加其射程，并同时减少它所画的曲线的曲率，使它终于在 10 倍、30 倍或 90 倍远的距离处落到地面，或者甚至可以使它在落地以前绕地球一转；或者最后，也可以把它发射到空中去，在那里继续运动以至无穷远而永远不落到地面。"（此译文取自上海人民出版社 1974 年出版的《牛顿自然哲学著作选》第 15～16 页。）牛顿论证了在万有引力作用下天体是按圆锥曲线轨道运行，圆锥曲线的理论便在天体运行中得到了具体应用。

## 七、圆锥曲线理论的发展

在古代,人们就已经研究了一个正圆锥被一个平面按不同角度相截,便分别得到圆、椭圆、抛物线、双曲线(见图1)等情况,因此,它们统称为圆锥曲线。那时,人们仅仅从空间关系上研究了圆锥曲线的几何性质。在历史上,是古希腊的密内凯莫斯于公元前4世纪末发现圆锥曲线的。公元前3—前2世纪,古希腊的阿波罗尼发表8本《圆锥曲线学》,是一部最早关于椭圆、抛物线和双曲线的论著。直到17世纪,由于当时生产的发展向自然科学提出了迫切要求,于是随着天文学、力学的迅速发展,大大地推动了人们去发现变量、创立适应社会生产和科学技术新要求的数学方法。解析几何和微积分学就是在这样的背景下出现的。

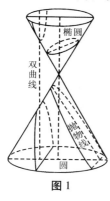

图1

法国数学家笛卡儿(1596—1650)于1637年,发表了《几何学》,提出了变量概念,引入了坐标方法,创立了解析几何。恩格斯指出:"数学中的转折点是笛卡儿的变数。有了变数,运动进入了数学,有了变数,辩证法进入了数学,有了变数,微分和积分也就立刻成为必要的了。"解析几何应用了变量概念和坐标方法将代数与几何有机地结合起来,圆锥曲线成了解析几何学的重要组成部分。圆锥曲线与二次方程也联系起来了,从此圆锥曲线的理论和应用就越来越丰富,越来越完善了。

## 八、天体运行的轨道是圆锥曲线

从长期的天文观测中,人们发现大大小小的行星都是沿椭圆轨道运行。同时,人们很早就注意到美丽的彗星,还注意到彗星轨道有的是椭圆,有的是抛物线,有的是双曲线。他们从观测中发现,彗星的轨道不是不变的,当彗星从太阳系边缘地区向着太阳靠近时,由于受到其他大行星的摄引,其运动速度可加快,也可减慢,从而使轨道形状发生改变。当它的速度超过第三宇宙速度时,彗星运行的轨道便成为抛物线轨道或双曲线轨道,它将脱离太阳系而一去不复返。也有相反的情况,天体原来的运行轨道是抛物线或双曲线,由于受到行星的摄引,也可以变成椭圆轨道而绕太阳运行。到 1972 年为止的统计,全世界总共计算了 600 个彗星轨道,其中是椭圆轨道的有 241 个,约占 40%;抛物线轨道的有 296 个,约占 49%;双曲线轨道的有 63 个,约占 11%。

总之,观测表明,天体是按圆锥曲线轨道运动的,因而圆锥曲线的理论在天体运动中得到了生动、具体的应用。

## 九、人们对天体运行规律的认识在不断发展

我们对于天体运行规律的认识在不断发展、不断深化。20 世纪初,相对论物理解释了水星近日点旋转这一现象。因而,从理论上证明了:相对于太阳,行星运行的轨道并不是闭合的椭圆。可以看成是行星沿椭圆轨道运行,而椭圆的长轴又在椭圆平面内慢慢地转动。在八大行星中,行星近日点的旋转最快的是水星,

每 100 年的旋转角约 43″，要 3 万年才能完成一次全转。我们所居住的地球的近日点的旋转，100 年才约 4″，那就需要 30 多万年才能完成一次全转。可见，在太阳系中，行星近日点的旋转效应是很微弱的。但是从长时间的观点看来，这种效应又是不可忽略的。

现在，我们已经不仅仅停留在对于天体运行规律的认识上了，而已经进步到发射人造天体了。过去对于天体运行规律的认识，大大地帮助了我们对于人造天体运行规律的预测；反过来，对于人造天体运行规律的研究，又将进一步促进我们对于天体运行规律的更深一步的认识。

天文学已经由观测科学进步到实验科学了。人们已经由认识天体进步到改造天体，从而更深刻地认识天体，又进而更有效地改造天体。

在古代，中国劳动人民和科学家曾对人类认识天体作出了巨大贡献；现今，中国人民已经对人类认识天体、改造天体作出了贡献，并且必将继续作出更大的贡献。

## 十、航天轨道是简单的，但航天的实现是复杂的

20 世纪下半叶以来，人类已经开始了对"复杂性科学"的研究。以钱学森为代表的中国学派，提出"开放复杂巨系统理论"。力学原理是简单的，但是，人类航天技术的实现是复杂的；电脑、网络、遥控等系统是复杂的，但是，人们的实际操作是简单的。科学技术是简单性和复杂性的对立统一。追求简单性才能理解复杂性；认识复杂性才能把握简单性。从牛顿到爱因斯坦，都追求

自然规律的简单性原理,这与 21 世纪人们深入探索复杂性原理是相辅相成的。简单与复杂,循环往复,认识才会不断发展。

宇宙是无限的,人类的认识能力也是无限的;宇宙是不可穷尽的,人们对宇宙的认识是永无止境的。献给读者一首小诗:

## 太空与航天

火箭刺青天,环球一瞬间。
任凭风雷起,飞越万重山。

太空卫星转,电波八方传。
仰望繁星闪,思潮涌天边。

吸引且排斥,连续又间断。
波动漫宇宙,粒子游其间。

力学求简单,确定可还原。
系统很复杂,整体在演变。

日出群星散,地转银河翻。
时空皆无限,天外更有天。

>>>>

　　笛卡儿分析了几何学与代数学的优缺点,表示要去"寻找另外一种包含这两门科学的好处而没有它们的缺点的方法"。在《几何学》卷一中,笛卡儿把几何问题化成代数问题,提出了几何问题的统一作图法。《几何学》提出了解析几何学的主要思想和方法,标志着解析几何学的诞生。

——《中国大百科全书》数学

# 第一章 结 构

| | 直角坐标方程 | 离心率 | 半通径 |
|---|---|---|---|
| 椭圆 | $\dfrac{x^2}{a^2}+\dfrac{y^2}{b^2}=1$ | $e=\dfrac{c}{a}<1$ | $p=\dfrac{b^2}{a}$ |
| 抛物线 | $y^2=-2px$ | $e=1$ | $p$ |
| 双曲线 | $\dfrac{x^2}{a^2}-\dfrac{y^2}{b^2}=1$ | $e=\dfrac{c}{a}>1$ | $p=\dfrac{b^2}{a}$ |

↓ ↑

| | 极坐标方程 | 顶点曲率半径 |
|---|---|---|
| 圆锥曲线统一方程 | $r=\dfrac{p}{1+e\cos\theta}$ | $\rho=p$ |

↓ ↑

| | 切线坐标方程 |
|---|---|
| 椭 圆 | $\dfrac{p}{2r^2\sin^2\alpha}-\dfrac{1}{r}=-\dfrac{1}{2a}$ |
| 抛物线 | $\dfrac{p}{2r^2\sin^2\alpha}-\dfrac{1}{r}=0$ |
| 双曲线 | $\dfrac{p}{2r^2\sin^2\alpha}-\dfrac{1}{r}=\dfrac{1}{2a}$ |

↓ ↑

| | 切线坐标方程 | 曲率半径 |
|---|---|---|
| 圆锥曲线统一方程 | $\dfrac{p}{2r^2\sin^2\alpha}-\dfrac{1}{r}=\dfrac{e^2-1}{2p}$ | $\rho=\dfrac{p}{\sin^3\alpha}$ |

# 第一章　圆锥曲线的性质

本章将简单论述椭圆、抛物线、双曲线的定义、作法,以及它们在直角坐标系和极坐标系中的方程,并介绍了圆锥曲线的切线的性质。在此基础上,作者引入切线坐标,得出了圆锥曲线的切线坐标方程和圆锥曲线的曲率半径公式。

本章的简要结构如下:

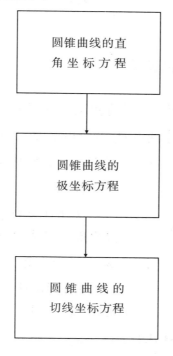

# 一、圆锥曲线的直角坐标方程

## （一）直角坐标

如图 1－1 所示，取两条互相垂直且有方向的直线（$X$ 轴和 $Y$ 轴），并确定长度单位，这就称为平面上的一个直角坐标系。点 $O$ 称为原点。$D_1$ 为平面上任一点，由点 $D_1$ 分别作 $X$ 轴和 $Y$ 轴的垂线，其垂足距点 $O$ 的距离分别为 $x_1$ 和 $y_1$，则点 $D_1$ 的位置便可由数对 $(x_1,y_1)$ 来表示。$(x_1,y_1)$ 称为点 $D_1$ 的直角坐标。

## （二）两点间的距离

已知两点 $D_1$ 和 $D_2$ 的直角坐标分别是

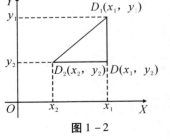

图 1－2

$(x_1,y_1)$，$(x_2,y_2)$，求两点 $D_1$、$D_2$ 间的距离。由图 1－2 可知，$D_1D_2$ 是直角三角形 $D_1D_2D$ 的斜边，由勾股定理得知：

$$|D_1D_2|^2=|D_2D|^2+|D_1D|^2$$

这里取绝对值，是因为线段的长度总为正，不会为负。

由于 $|D_2D|=|x_1-x_2|$

$$|D_1D|=|y_1-y_2|$$

则 $\quad |D_1D_2|^2=|x_1-x_2|^2+|y_1-y_2|^2$

即 $\qquad |D_1D_2|^2 = (x_1 - x_2)^2 + (y_1 - y_2)^2$

或表为 $\qquad |D_1D_2| = \sqrt{(x_1 - x_2)^2 + (y_1 - y_2)^2}$ $\qquad$ (1.1)

上式即为直角坐标系中,两点间距离的公式。

### （三）曲线的方程

曲线可以看为是点的运动轨迹。"轨"是指点运动的规律,"迹"是指运动留下的痕迹。轨迹就是指点按一定规律运动所形成的图像。也可以把曲线看作是具有某种性质的点的集合。例如,以点 $C$ 为中心,半径为 $R$ 的圆,可以看成为平面上到点 $C$ 的距离为 $R$ 的点的轨迹,也可以看成是由距离点 $C$ 为 $R$ 的点的集合。在建立直角坐标系后,曲线上每一点都由它的坐标所表示,曲线上点的共同性质,可表示为一个方程,即曲线的方程。求曲线的方程,就是在给定的坐标系下,将曲线的几何性质应用方程表示出来,使曲线上任一点的坐标都满足方程;且所有坐标适应方程的点都在这条曲线上。

显然,若坐标系变换了,同一条曲线的方程也会随之发生变化。在实际应用中,常常通过坐标变换来简化方程,使之更容易解决某些问题。在直角坐标系中,常常采用平移、旋转等变换,也常将直角坐标变换为极坐标。本书为了便于解决天体运行的轨道问题,将把极坐标变换为切线坐标。

### （四）圆的方程

求半径为 $R$ 的圆的方程。首先,建立直角坐标系,如图 1 - 3

所示,圆心点 $C$ 的坐标为$(a,b)$。根据圆的定义可知,圆上任一点 $D(x,y)$ 到圆心 $C(a,b)$ 的距离均为 $R$,即 $CD=R$。

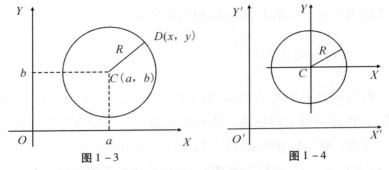

图 1-3　　　　　　　　　图 1-4

根据两点间距离公式(1.1),则

$$(x-a)^2+(y-b)^2=R^2$$

这便是在直角坐标系中的圆的方程。

显然,如果把原点 $C$ 取在圆心上,则 $a=0,b=0$,将坐标平移,如图 1-4 所示,那么,圆的方程就能较为简单地表为

$$x^2+y^2=R^2 \qquad (1.2)$$

(五)椭圆的定义和作法

如果动点到两定点的距离之和等于一定量 $2a(a>0)$,且这一定量必须大于这两定点的距离 $2c(c>0)$,那么,这一动点的几何轨迹就为椭圆。这两定点 $F_1$、$F_2$ 称为焦点。

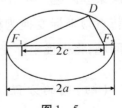

图 1-5

见图 1-5,在焦点 $F_1$、$F_2$ 处固定两颗钉子,$|F_1F_2|=2c$,$|F_1D|+|F_2D|$ 是一

36

定长为 $2a$ 的绳子,且 $2a > 2c$,当位于点 $D$ 上的铅笔尖把绳子拉紧,使笔尖在图板上慢慢移动时,即可绘出一个椭圆。很明显,因为在曲线上任一点都有 $|F_1D| + |F_2D| = 2a$ 的性质,根据上述定义可知,点 $D$ 的轨迹一定是椭圆。

（六）椭圆的方程

首先建立直角坐标系。把两个焦点的连线的中点作为直角坐标系的原点,使 $X$ 轴通过两焦点,如图 $1-6$ 所示。则在此直角坐标系中,$F_1$、$F_2$、$D$ 三点的坐标分别是,$F_1(c,0)$、$F_2(-c,0)$、$D(x,y)$。

根据椭圆的定义

$$|F_1D| + |F_2D| = 2a$$

由两点间的距离公式(1.1),可得到

$$\sqrt{(x-c)^2 + y^2} + \sqrt{(x+c)^2 + y^2} = 2a$$

化简整理即得

$$\frac{x^2}{a^2} + \frac{y_2}{a^2 - c^2} = 1$$

令 $a^2 - c^2 = b^2$,即得出在直角坐标系中椭圆的方程为

$$\frac{x^2}{a^2} + \frac{y^2}{b^2} = 1 \tag{1.3}$$

$a,b,c$ 之间的关系:$b^2 = a^2 - c^2$,如图 $1-7$,可直观地看出。$a$ 称为椭圆的长半轴,$b$ 称为椭圆的短半轴。

令 $e = \dfrac{c}{a}$,$e$ 称为椭圆的离心率。$e$ 越大,则椭圆越扁。对于椭

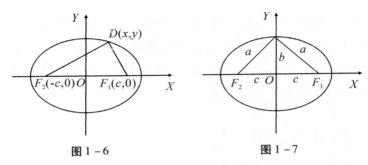

图 1-6            图 1-7

圆,$a>c$,则 $e<1$。可以直观地看出,圆是椭圆的特殊情况:当 $F_1$ 与 $F_2$ 重合时,$c=0$,$a=b$,这时动点 $D$ 的轨迹即为圆。因此可以说,圆是 $e=0$ 的椭圆。这时若令 $a=b=R$,则椭圆的方程(1.3),就变为圆的方程(1.2)。

（七）椭圆的面积

以椭圆的长半轴 $a$ 为半径作圆,这个圆的面积为 $\pi a^2$,见图 1-8。在直角坐标系中,椭圆的方程为

$$\frac{x^2}{a^2}+\frac{y^2}{b^2}=1$$

令 $y=\frac{b}{a}y'$,则椭圆的方程变为

$$x^2+y'^2=a^2$$

半径为 $a$ 的圆与长半轴为 $a$ 的椭圆,在横坐标相同的每一点所对应的纵坐标的值是不同的,此值为

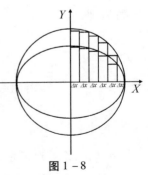

图 1-8

$$\frac{y}{y'} = \frac{b}{a}$$

把椭圆和圆的面积分割为许多底边皆为 $\Delta x$ 的矩形,(在图 1-8中,我们只画出了第一象限),当分割得愈来愈密时,这些矩形的底边 $\Delta x$ 便无限接近于零,这些矩形的面积之和便分别与椭圆以及圆的面积一样了。

显然,每一个椭圆所内接的矩形的面积与每一个相对应的圆所内接的矩形的面积之比是

$$\frac{y \cdot \Delta x}{y' \cdot \Delta x} = \frac{b}{a}$$

可见,当 $\Delta x \rightarrow 0$ 时,椭圆的面积 $A$ 与圆面积 $\pi a^2$ 之比,也应当为 $b/a$,即

$$\frac{A}{\pi a^2} = \frac{b}{a}$$

所以,椭圆的面积为

$$A = \pi ab \tag{1.4}$$

应用微积分可以十分简明地得到椭圆的面积公式,并有多种方法得到(1.4),学过微积分的读者可自己推导一下(可参看附录1)。

（八）抛物线的定义和作法

如果动点到一定点和一定直线的距离相等,那么,这动点的轨迹称为抛物线。这个定点称为焦点,这条定直线称为准线。

见图 1-9,在丁字尺的点 $C$ 固定一颗小钉,一根绳子的一头

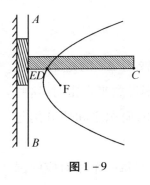

图1-9

系在点 $C$，另一头系在固定于焦点 $F$ 的钉子上，且绳子的长度等于 $CE$，即与丁字尺的长度相等。使丁字尺沿准线 $AB$ 平动，且使绳子 $CD$ 部分紧紧靠在丁字尺的边缘。那么位于点 $D$ 的铅笔即可画出一抛物线。很明显，在曲线上任一点都有 $DE = DF$，根据定义可知点 $D$ 的轨迹一定是抛物线。

（九）抛物线的方程

首先建立直角坐标系。令焦点与准线之距离为 $p$，用焦点 $F$ 到准线 $AB$ 之距离的中点作为直角坐标系的原点，使轴 $X$ 通过焦点（见图 $1-10$）。在直角坐标系中点 $F$ 和点 $D$ 的坐标分别是：$F(\dfrac{p}{2}, 0)$，$D(x, y)$。

根据抛物线定义

$$DF = DE$$

由两点间的距离公式（1.1）得

$$\sqrt{(x - \frac{p}{2})^2 + y^2} = \sqrt{(x + \frac{p}{2})^2}$$

化简整理，即得出抛物线在直角坐标系中的方程为

$$y^2 = 2px \qquad (1.5)$$

令 $\dfrac{r}{d} = e$，$(DF = r、DE = d)$，$e$ 称为抛物线的离心率，根据抛

40

线的定义可知,在抛物线中离心率 $e = 1$。

若抛物线的开口向左,如图 1 – 11 所示,则抛物线在直角坐标系中的方程为

$$y^2 = -2px \qquad (1.6)$$

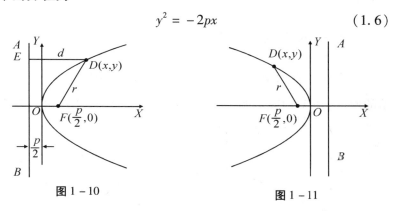

图 1 – 10

图 1 – 11

## (十) 双曲线的定义和作法

如果动点到两定点的距离之差等于一定量 $2a(a > 0)$,且这一定量 $2a$ 小于两定点之间的距离 $2c(c > 0)$,那么,这一动点的轨迹称为双曲线。这两定点 $F_1$、$F_2$ 称为焦点。

见图 1 – 12,两颗钉子分别固定在焦点 $F_1$ 和 $F_2$ 上,$|F_1F_2| = 2c$。取两条长度相差为 $2a$ 的绳子,使 $2a < 2c$,两条绳子的一端分别系在 $F_1$ 和 $F_2$ 上,另一端同系在一点 $B$ 上。当位于点 $D$ 的铅笔移动时,即可绘出双曲线。很明显,在曲线上任一

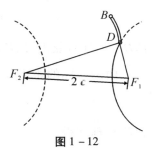

图 1 – 12

点都有 $|F_2D| - |F_1D| = 2a$,根据双曲线的定义可知,点 $D$ 的轨迹

一定是双曲线。在图1-12上只画出了双曲线的右支。如果把系在 $F_1$ 和 $F_2$ 的绳子对调一下,就可以绘出双曲线的左支。对于左支,曲线上任一点都有 $|F_2D| - |F_1D| = -2a$。

(十一)双曲线的方程

首先建立直角坐标系,把两焦点 $F_1$、$F_2$ 的中点作为直角坐标系的原点,使 $X$ 轴通过两个焦点(见图1-13),在此直角坐标系中点 $F_1$、点 $F_2$、点 $D$ 的坐标分别是: $F_1(c,0)$、$F_2(-c,0)$、$D(x,y)$。

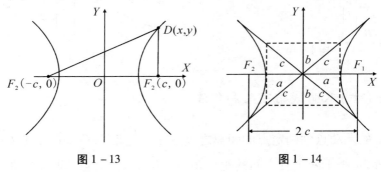

图 1-13        图 1-14

根据双曲线的定义

$$|F_2D| - |F_1D| = \pm 2a$$

$F_2D > F_1D$ 时取正号,$F_2D < F_1D$ 时取负号。

由两点间的距离公式(1.1)得

$$\sqrt{(x+c)^2 + y^2} - \sqrt{(x-c)^2 + y^2} = \pm 2a$$

化简整理即得:

$$\frac{x^2}{a^2} - \frac{y^2}{c^2 - a^2} = 1$$

令
$$c^2 - a^2 = b^2$$
即得出在直角坐标系中的双曲线的方程

$$\frac{x^2}{a^2} - \frac{y^2}{b^2} = 1 \qquad (1.7)$$

在(1.7)中令 $y = 0$，便得到双曲线与 $X$ 轴交点的横坐标为 $x = \pm a$。在(1.7)中令 $x = 0$，得出 $y = \pm b \sqrt{-1}$。对于 $y$ 得到虚值，这表明，$y$ 轴与双曲线不相交。

$a$、$b$、$c$ 之间的关系，由图 1-14 可以直观看出，$b^2 = c^2 - a^2$。$a$ 称为双曲线的实半轴，$b$ 称为双曲线的虚半轴。

令 $\dfrac{c}{a} = e$，$e$ 称为双曲线的离心率。$e$ 越大，双曲线的张口越开。对于双曲线，因为 $c > a$，所以 $e > 1$。

## （十二）半通径 $p$

过焦点且垂直于 $X$ 轴的直线与圆锥曲线的交点 $D_1$ 与此焦点之间的距离，称为半通径 $p$。下面我们分别计算出椭圆、抛物线、双曲线在直角坐标系中半通径 $p$ 的值。

### 1. 椭圆的半通径 $P$

在椭圆中(见图 1-15)，点 $D_1$ 的坐标是 $D_1(c, p)$，将点 $D_1$ 的坐标代入椭圆方程(1.3)

$$\frac{x^2}{a^2} + \frac{y^2}{b^2} = 1$$

即得

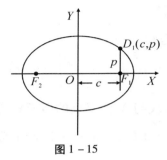

图 1 - 15

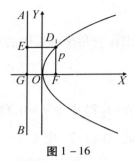

图 1 - 16

$$\frac{c^2}{a^2} + \frac{p^2}{b^2} = 1$$

在椭圆中 $b^2 = a^2 - c^2$

所以 $$p = \frac{b^2}{a} \qquad\qquad (1.8)$$

2. 抛物线的半通径 $P$

在抛物线中,$FD_1 = p$(如图 1 - 16)。

在直角坐标系中抛物线的方程是

$$y^2 = 2px$$

式中的 $p$ 是指 $FG$。根据抛物线的定义知

$$FD_1 = D_1E = FG = p$$

可见抛物线在直角坐标系中的 $p$ 与半通径 $p$ 是相等的。

3. 双曲线的半通径 $P$

在双曲线中(见图 1 - 17),$D_1$ 点的坐标是 $D_1( +c,p)$,将 $D_1$ 点的坐标代入双曲线方程

44

$$\frac{x^2}{a^2} - \frac{y^2}{b^2} = 1$$

即得

$$\frac{c^2}{a^2} - \frac{p^2}{b^2} = 1$$

在双曲线中 $b^2 = c^2 - a^2$

所以          $p = \dfrac{b^2}{a}$          (1.9)

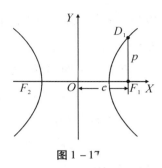

图 1 - 17

## 二、圆锥曲线的极坐标方程

### (一)极坐标

如图 1 - 18 所示,在平面上取一定点 $O$,引射线 $OX$,选定角度的正方向(通常取逆时针方向),并确定射线上的长度单位,这就

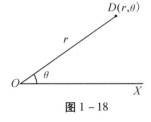

图 1 - 18

是平面上的极坐标系。点 $O$ 称为极点,$OX$ 称为极轴。

平面上任一点 $D$ 到极点的距离 $OD$,称为极半径,用 $r$ 表示。$\angle DOX$,叫作点 $D$ 的极角,用 $\theta$ 表示。$(r, \theta)$ 称为 $D$ 点的极坐标。

### (二)椭圆的极坐标方程

首先建立极坐标系,以一个焦点 $F$ 为极点,以 $FX$ 为极轴,用

极半径 $r$ 和极角 $\theta$ 表示出椭圆的极坐标方程。

见图 $1-19$,根据椭圆的性质知

$$|FF_2| = 2c = 2ae$$

在 $\triangle DF_2F$ 中,应用余弦定理可知

$$r_2^2 = r^2 + (2ae)^2 + 2r \cdot (2ae) \cdot \cos(180° - \theta)$$

根据椭圆的定义

$$r_2 = 2a - r$$

则

$$(2a - r)^2 = r^2 + (2ae)^2 + 4aer\cos\theta$$

化简整理上式得

$$r = \frac{a(1 - e^2)}{1 + e\cos\theta}$$

但

$$a(1 - e^2) = a\left(1 - \frac{c^2}{a^2}\right) = \frac{a^2 - c^2}{a} = \frac{b^2}{a} = p$$

则得到椭圆的极坐标方程

$$r = \frac{p}{1 + e\cos\theta}$$

(三)抛物线的极坐标方程

首先建立极坐标系。以焦点 $F$ 为极点,以 $FX$ 为极轴。用极半径 $r$ 和 $\theta$ 表示出抛物线的极坐标方程。

如图 $1-20$ 所示的抛物线,在直角坐标系中的方程为

$$y^2 = -2px$$

抛物线上任一点 $D$ 的坐标有如下关系:

46

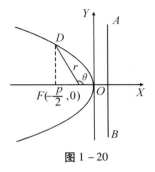

图 1 − 20

$$\begin{cases} x = -\dfrac{p}{2} - r\cos(180° - \theta) \\ y = r\sin(180° - \theta) \end{cases}$$

即
$$\begin{cases} x = -\dfrac{p}{2} + r\cos\theta \\ y = r\sin\theta \end{cases}$$

将上式代入（1.6）式得

$$r^2\sin^2\theta = -2p\left(-\frac{p}{2} + r\cos\theta\right)$$

即
$$r^2\sin^2\theta + 2p\cos\theta - p^2 = 0$$

由一元二次方程的求根公式得

$$r = \frac{-2p\cos\theta \pm \sqrt{(2p\cos\theta)^2 + 4p^2\sin^2\theta}}{2\sin^2\theta}$$

即
$$r = \frac{p(\pm 1 - \cos\theta)}{1 - \cos^2\theta}$$

因为 $r$ 是正值，则上式分子中只有取正号才有意义，则得

$$r = \frac{p}{1 + \cos\theta}$$

对于抛物线 $e = 1$ 来说，上式也可表为

$$r = \frac{p}{1 + e\cos\theta}$$

（四）双曲线的极坐标方程

首先建立极坐标系。以一个焦点 $F$ 为极点，以 $FX$ 为极轴。用极半径 $r$ 和极角 $\theta$ 表示出双曲线的极坐标方程。

见图 1 – 21，根据双曲线的性质知

$$FF_2 = 2c = 2ae$$

在 $\triangle DFF_2$ 中，应用余弦定理可知

$$r_2^2 = r^2 + (2ae)^2 - 2r(2ae)\cos\theta$$

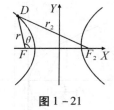

图 1 – 21

根据双曲线的定义

$$r_2 = r + 2a$$

则 $$(r + 2a)^2 = r^2 + (2ae)^2 - 4aer\cos\theta$$

化简整理上式得

$$r = \frac{a(e^2 - 1)}{1 + e\cos\theta}$$

但 $$a(e^2 - 1) = a\left(\frac{c^2}{a^2} - 1\right) = \frac{c^2 - a^2}{a} = \frac{b^2}{a} = p$$

则得到双曲线的极坐标方程

$$r = \frac{p}{1 + e\cos\theta}$$

## （五）圆锥曲线统一的定义

从上面的推导可以看出，椭圆、抛物线、双曲线的直角坐标方程是各不相同的。但是只要我们建立恰当的极坐标系，则所得到的椭圆、抛物线、双曲线的极坐标方程都可以表示为同一形式，即

$$r = \frac{p}{1 + e\cos\theta} \tag{1.10}$$

这表明椭圆、抛物线、双曲线可以由一个统一的定义给出。椭圆、抛物线、双曲线统称为圆锥曲线。

圆锥曲线的统一定义是:曲线上任一点,到一定点的距离,与到一定直线的距离之比,为一常数的点的几何轨迹,称为圆锥曲线。这定点称为焦点,这定直线称为准线,这距离之比 $e$ 称为离心率。

当 $e < 1$ 时,曲线是椭圆;

当 $e = 1$ 时,曲线是抛物线;

当 $e > 1$ 时,曲线是双曲线。

### (六)圆锥曲线的极坐标方程

取一个焦点 $F$ 为极点,以过两焦点的轴为极轴,建立极坐标系(如图 1 – 22 所示)。圆锥曲线上任一点 $D$ 的极坐标是 $D(r, \theta)$,根据圆锥曲线统一的定义

$$\frac{r}{d} = e \qquad (1.11)$$

作 $D_1 F \perp F F_2$,延长 $ND$ 与 $FD_1$ 相交于 $E$。

$FD_1 = p$ 为半通径。

根据圆锥曲线之定义有

$$\frac{FD_1}{D_1 N_1} = e$$

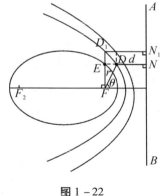

图 1 – 22

即
$$D_1 N_1 = \frac{p}{e}$$

又因
$$DN \perp AB$$

$$D_1 N_1 \perp AB$$

则知 $$d = DN = D_1N_1 - ED = \frac{p}{e} - r \cdot \cos\theta$$

将上式代入式(1.11)得

$$e = \frac{r}{\dfrac{p}{e} - r\cos\theta}$$

整理上式即得圆锥曲线的极坐标方程

$$r = \frac{p}{1 + e\cos\theta}$$

如果取 $F_2$ 为极点,取左边一直线为准线,则得圆锥曲线的极坐标方程为

$$r = \frac{p}{1 - e\cos\theta}$$

上式与式(1.10)实质是相同的,我们后面将只用(1.10)这一形式。

上述关于圆锥曲线的统一定义与前面介绍的关于椭圆、抛物线、双曲线分别的定义是一致的。因为在极坐标系中,从分别定义和统一定义出发,都能得到相同形式的极坐标方程(1.10)。

## 三、圆锥曲线的切线的性质

什么叫曲线的切线呢? 见图 1-23,当曲线上任一点 $D_1$ 沿曲线移动到点 $D$ 时,直线 $D_1D$ 的极限位置,即直线 $N_1N_2$ 的位置,称为曲线在点 $D$ 的切线。点 $D$

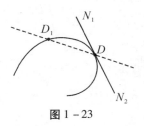

图 1-23

称为切点。

为了较为直观简单地证明圆锥曲线的切线的性质,我们先证明以下两个几何定理。

● **定理 1**

一直线外同旁的两点,与该直线上的某一点的距离之和为最短,则该点与直线外两点的连线与已知直线相交成等角。

**[已知]** 如图 1 - 24 所示,点 $A$、$B$ 为直线 $N_1N_2$ 外同旁的两点,点 $D$ 为直线 $N_1N_2$ 上一点,且有 $AD$, $BD$ 为点 $A$、点 $B$ 到点 $D$ 的距离之和为最短的两线段。

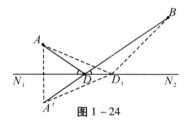

图 1 - 24

**[求证]** $\angle ADN_1 = \angle BDN_2$

**[证明]** 设点 $A'$ 为点 $A$ 关于直线 $N_1N_2$ 的对称点,联 $A'D$ 则有

$$AD + BD = A'D + BD$$

又设 $D_1$ 为 $N_1N_2$ 上除点 $D$ 外的任一点,则有

$$AD_1 + BD_1 = A'D_1 + BD_1$$

已知 $\qquad\qquad AD_1 + BD_1 > AD + BD$

故 $\qquad\qquad A'D_1 + BD_1 > A'D + BD$

可见,$A'DB$ 是 $A'B$ 之间的最短折线,即 $A'$、$D$、$B$ 三点在一直线上。

则 $\qquad\qquad \angle A'DN_1 = \angle BDN_2$

而 $\qquad\qquad \angle ADN_1 = \angle A'DN_1$

所以 $\qquad\qquad \angle ADN_1 = \angle BDN_2$

51

证毕。

● 定理 2

一直线外不同旁的两非对称点,与该直线上的某一点的距离之差为最长,则该点与直线外两点的连线与已知直线相交成等角。

[已知]如图 1-25 所示,点 $A$、点 $B$ 为直线 $N_1N_2$ 不同旁的两点,点 $D$ 为直线 $N_1N_2$ 上某一点,且 $BD$、$AD$ 为点 $A$、点 $B$ 到点 $D$ 的距离之差为最长的两线段。

[求证]$\angle ADN_2 = \angle BDN_2$

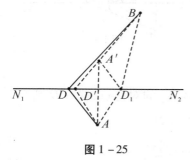

图 1-25

[证明]设点 $A'$ 是点 $A$ 关于直线 $N_1N_2$ 的对称点,$D'$ 是 $BA'$ 连线的延长线与 $N_1N_2$ 的交点,则有 $\angle AD'N_2 = \angle BD'N_2$。

设 $D_1$ 是 $N_1N_2$ 上除 $D'$ 外的任意一点,联 $D_1A$,$D_1A'$,$D_1B$,则在 $\triangle BD_1A'$ 中有

$$BA' > D_1B - D_1A'$$

即

$$D'B - D'A' > D_1B - D_1A'$$

即

$$D'B - D'A > D_1B - D_1A$$

可见,$D'B$,$D'A$ 是 $N_1N_2$ 上各点中到点 $A$、点 $B$ 距离之差为最长的两线段,而其差为最长的两线段是唯一的,所以 $D'$ 与 $D$ 必然重合

所以　　　　　　　　　　$\angle ADN_2 = \angle BDN_2$

证毕。

下面应用上述两个定理来证明圆锥曲线的切线的等角性质。

1. 椭圆的切线的性质

**椭圆的切线，与过切点的两条焦半径，相交成等角。**

[已知] 如图 1 – 26 所示，$N_1N_2$ 为椭圆的一切线，$F_1D$、$F_2D$ 为连接切点 $D$ 的两条焦半径。

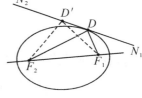

[求证] $\angle F_1DN_1 = \angle F_2DN_2$

图 1 – 26

[证明] 点 $D'$ 是除切点 $D$ 之外的切线上的任一点。

根据椭圆的定义，显然椭圆的切线具有如下特点：

$$F_1D + F_2D = 2a$$

$$F_1D' + F_2D' > 2a$$

由此可见，$F_1D + F_2D$ 为 $F_1$，$F_2$ 两点到切线 $N_1N_2$ 上一点距离之和为最短，根据定理 1 可知

$$\angle F_1DN_1 = \angle F_2DN_2$$

2. 抛物线的切线的性质

**抛物线的切线，与过切点的焦半径之夹角，等于过切点且垂直于准线的直线与切线之夹角。**

[已知] 如图 1 – 27 所示，$N_1N_2$ 为抛物线的一条切线，$FD$ 为

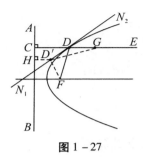

图 1-27

过切点 $D$ 的焦半径,$AB$ 为准线,$DE \perp AB$。

[求证] $\angle FDN_1 = \angle EDN_2$

[证明]点 $D'$ 是除切点 $D$ 之外,切线上的任一点。作 $DC \perp AB,D'H \perp AB$。

根据抛物线的定义,显然抛物线的切线具有如下特点:

$$FD = CD$$

$$FD' > HD'$$

在 $DE$ 上任找一点 $G$,联 $GD',FD'$,由上述特点可知

$$GD' + FD' > GD' + HD' > GD + CD$$

因为 $\qquad GD + CD = GD + FD$

所以 $\qquad GD' + FD' > GD + FD$

由此可见,$GD + FD$ 为 $F,G$ 两点到切线 $N_1N_2$ 上一点距离之和为最短,根据定理 1 可知

$$\angle FDN_1 = \angle EDN_2$$

3. 双曲线的切线的性质

**双曲线的切线,与过切点的两条焦半径,相交成等角。**

[已知]如图 1-28 所示,$N_1N_2$ 为双曲线的一切线,$F_1D,F_2D$ 为过切点 $D$ 的两条焦半径。

[求证] $\angle F_1DN_1 = \angle F_2DN_1$

[证明]$D'$ 是除切点 $D$ 之外,切线上的任一点。

根据双曲线的定义,显然双曲线的切线具有如下特点:

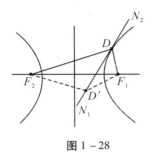

图 1 - 28

$$F_2D - F_1D = 2a$$

$$F_2D' - F_1D' < 2a$$

由此可见,$F_2D - F_1D$ 为 $F_1$,$F_2$ 两点到切线 $N_1N_2$ 上一点距离之差为最长,根据定理 2 可知

$$\angle F_1DN_1 = \angle F_2DN_1$$

## 四、圆锥曲线的切线坐标方程

### (一)什么叫切线坐标?

点 $D$ 按照某一规律在平面内运动,其运动的轨迹为曲线 $L$。在直角坐标下,$L$ 可用方程表示为 $y = f(x)$,在这里是选取 $x$,$y$ 为变量来建立方程(见图 1 - 29)。同样一条曲线 $L$,在极坐标下,可用方程表示为 $r = \rho(\theta)$,在这里是选取 $r$,$\theta$ 为变量来建立方程(见图 1 - 30)。这两种坐标是可以相互转换的。

现在,我们考虑点 $D$ 运动变化的方向来研究曲线 $L$。大家知道,点 $D$ 的运动在任一位置上其速度的方向,即为该点的切线方向(见图 1 - 31),因而如果选一变量能反映出点 $D$ 运动变化的方向,就可便于从运动变化的方向上来研究曲线 $L$。那么用什么样的变量来表征切线的方向呢? 我们选择定点 $O$,$OD$ 之长为变量 $r$,$r$ 称之为矢径,矢径 $r$ 与速度 $v$ 之夹角为 $\alpha$,以角 $\alpha$ 为另一变量,$\alpha$ 即表征了切线的方向(见图 1 - 31)。在这种坐标下,是选取 $r$

和 $\alpha$ 为变量,曲线 $L$ 可用方程表示为 $r = \Phi(\alpha)$。当然不一定非得写成显函数的形式,用隐函数表示也可。这种坐标,我们称之为切线坐标。显然,如果将极坐标中的变量 $\theta$,变换为 $\alpha$,就能将极坐标转化为切线坐标了。

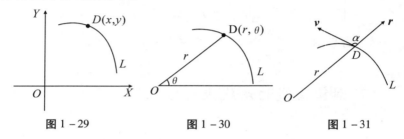

图 1-29　　　　　　　图 1-30　　　　　　　图 1-31

## (二)为什么要用切线坐标呢?

具体情况应当具体分析。对于不同的数学、物理问题,分别选用不同的坐标将便于分析问题和解决问题。如果要考虑在曲线 $L$ 任一点上运动变化的方向,选用切线坐标则有特殊的优点。例如,发射人造地球卫星时,卫星运行的轨道,不仅取决于发射点距地心的距离和发射卫星的速度大小,而且也取决于发射卫星的方向。即不仅决定于 $r$ 和 $v$,而且决定于 $\alpha$——这一具体问题,正是我们抽象出来的切线坐标的物理模型。

大家将会看到,对于发射人造天体,应用切线坐标有一个很大的优点:圆锥曲线的切线坐标方程与物体在有心力场中沿圆锥曲线轨道运动的能量方程,形式上极为相似。这种相似决非巧合。这说明我们选择 $r,\alpha$ 为变量,应用切线坐标所反映的圆锥曲线的几何特性与物理规律密切相关了。这种相似正反映了几何特性与物理规律两者是相互联系的。

### （三）椭圆的切线坐标方程

在图 1 – 32 中，$F, F_2$ 是椭圆的两个焦点，$N_1 N_2$ 是过椭圆任一点 $D$ 的切线。假定点 $D$ 按反时针方向运动。

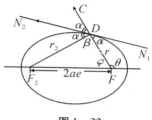

图 1 – 32

根据椭圆的切线性质则有

$$\angle FDN_1 = \angle F_2DN_2 = \angle CDN_2 = \angle \alpha$$

在 $\triangle DFF_2$ 中，根据余弦定理可知：

$$r_2^2 = r^2 + (2ae)^2 - 2(2ae)r\cos \varphi$$

以及

$$r_2^2 = (2ae)^2 - r^2 + 2rr_2\cos \beta$$

由上两式得

$$4aer\cos \varphi = 2r^2 - 2rr_2\cos \beta$$

上式两边同除以 $4ar$，则得

$$e\cos \varphi = \frac{r}{2a} - \frac{r_2}{2a}\cos \beta \qquad (1.12)$$

但

$$\left.\begin{array}{l} \cos \varphi = \cos(180° - \theta) = -\cos \theta \\ \cos \beta = \cos(180° - 2\alpha) = -\cos 2\alpha \\ \cos 2\alpha = 1 - 2\sin^2\alpha \\ r_2 = 2a - r \end{array}\right\} \qquad (1.13)$$

将式(1.13)代入式(1.12)化简即得

$$1 + e\cos\theta = \left(2 - \frac{r}{a}\right)\sin^2\alpha \qquad (1.14)$$

将式(1.14)代入圆锥曲线的极坐标方程(1.10)则得

$$r = \frac{p}{\left(2 - \dfrac{r}{a}\right)\sin^2\alpha}$$

化简整理,即得椭圆的切线坐标方程

$$\frac{p}{2r^2\sin^2\alpha} - \frac{1}{r} = -\frac{1}{2a} \qquad (1.15)$$

### (四)抛物线的切线坐标方程

在图 1 - 33 中,$F$ 是抛物线的焦点,$N_1N_2$ 是过抛物线上任一点 $D$ 的切线。假定点 $D$ 按反时针方向运动。$DB$ 为点 $D$ 到准线 $A_1B_1$ 的距离。根据抛物线切线的性质:

$$\angle FDN_1 = \angle EDN_2 = \angle\alpha$$

及 $\qquad \angle BDN_1 = \angle CDN_2 = \angle\alpha$

而 $\qquad\qquad \theta = 180° - 2\alpha$

所以 $\cos\theta = -\cos 2\alpha = -1 + 2\sin^2\alpha$

即 $\qquad 1 + \cos\theta = 2\sin^2\alpha \qquad (1.16)$

对于抛物线 $e = 1$,将式(1.16)代入圆锥曲线的极坐标方程(1.10)得

$$r = \frac{p}{2\sin^2\alpha}$$

则得抛物线的切线坐标方程

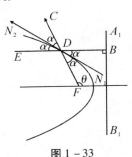

图 1 - 33

$$\frac{p}{2r^2\sin^2\alpha} - \frac{1}{r} = 0 \qquad (1.17)$$

### （五）双曲线的切线坐标方程

在图 1 - 34 中, $F$, $F_2$ 是双曲线的
两个焦点, $N_1N_2$ 是过双曲线任一点 $D$
的切线。假定点 $D$ 按反时针方向运
动。根据双曲线切线的性质：

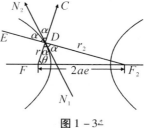

图 1 - 34

$$\angle FDN_1 = \angle F_2DN_1 = \angle \alpha$$

及 $\quad \angle EDN_2 = \angle CDN_2 = \angle \alpha$

在 $\triangle DFF_2$ 中, 根据余弦定理可知：

$$r_2^2 = r^2 + (2ae)^2 - 2(2ae)r\cos\theta$$

$$r_2^2 = (2ae)^2 - r^2 + 2rr_2\cos 2\alpha$$

由上两式得

$$4aer\cos\theta = 2r^2 - 2rr_2\cos 2\alpha$$

上式两边同除以 $4ar$, 则得

$$e\cos\theta = \frac{r}{2a} - \frac{r_2}{2a}\cos 2\alpha \qquad (1.18)$$

但

$$\left.\begin{array}{l} \cos 2\alpha = 1 - 2\sin^2\alpha \\ r_2 = 2a + r \end{array}\right\} \qquad (1.19)$$

将式 (1.19) 代入式 (1.18) 化简即得

$$1 + e\cos\theta = \left(2 + \frac{r}{a}\right)\sin^2\alpha$$

59

将上式代入圆锥曲线的极坐标方程(1.10)得

$$r = \frac{p}{\left(2 + \dfrac{r}{a}\right)\sin^2\alpha}$$

化简整理,即得双曲线的切线坐标方程

$$\frac{p}{2r^2\sin^2\alpha} - \frac{1}{r} = \frac{1}{2a} \tag{1.20}$$

### (六)圆锥曲线统一的切线坐标方程

根据椭圆的切线坐标方程(1.15)、抛物线的切线坐标方程(1.17),以及双曲线的切线坐标方程(1.20),我们可以归纳而得到圆锥曲线统一的切线坐标方程为

$$\frac{p}{2r^2\sin^2\alpha} - \frac{1}{r} = \frac{e^2-1}{2p} \tag{1.21}$$

①对于椭圆,$e < 1$,$e = \dfrac{c}{a}$,$p = \dfrac{b^2}{a}$,$a^2 - c^2 = b^2$

所以

$$\frac{e^2-1}{2p} = \frac{\dfrac{c^2-a^2}{a^2}}{\dfrac{2b^2}{a}} = -\frac{1}{2a}$$

则由(1.21)式可得到(1.15)式。

②对于抛物线,$e = 1$

所以

$$\frac{e^2-1}{2p} = 0$$

则由(1.21)式可得到(1.17)式。

60

③对于双曲线，$e > 1$，$e = \dfrac{c}{a}$，$p = \dfrac{b^2}{a}$，$c^2 - a^2 = b^2$。

所以 
$$\frac{e^2 - 1}{2p} = \frac{\dfrac{c^2 - a^2}{a^2}}{\dfrac{2b^2}{a}} = \frac{1}{2a}$$

则由(1.21)式可得到(1.20)式。

在附录 2 中，我们应用微分法直接证明了圆锥曲线统一的切线坐标方程(1.21)式。

## 五、圆锥曲线的曲率半径

### （一）曲线的曲率和曲率半径

曲线的曲率是表征曲线弯曲程度的量。曲线上任两点 $D$ 和 $D_1$ 处的切线间的夹角 $\Delta\theta$ 与 $\overset{\frown}{DD_1}$ 弧长 $\Delta s$ 之比，称为在 $DD_1$ 段的平均曲率，用符号 $K_{DD_1}$ 表示，则

$$K_{DD_1} = \frac{\Delta\theta}{\Delta s}$$

平均曲率越大，表征这段曲线弯曲得越厉害。从图 1 − 35 中，可以直观地看出，曲线段 $DD_1$ 比曲线段 $D'D_1'$ 的弯曲程度要大些，因为

$$\frac{\Delta\theta}{\Delta s} > \frac{\Delta\theta}{\Delta s'}$$

当 $D_1$ 点沿曲线越接近于 $D$ 点时，$K_{DD_1}$ 的极限，称为曲线在 $D$ 点的曲率，即

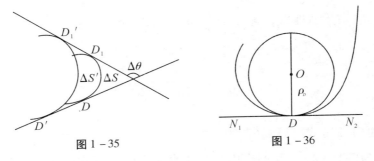

图 1 - 35    图 1 - 36

$$K_D = \lim_{D_1 \to D} K_{DD_1} = \lim_{D_1 \to D} \frac{\Delta \theta}{\Delta s} \tag{1.22}$$

不难得知,半径为 $R$ 的圆上任一点的曲率为

$$K_D = \lim_{D_1 \to D} \frac{\Delta \theta}{\Delta s} = \lim_{D_1 \to D} \frac{\Delta \theta}{R \cdot \Delta \theta} = \frac{1}{R}$$

在曲线上的点 $D$ 处,向它凹的一侧作法线(如图 1 - 36 所示),法线垂直于切线。从点 $D$ 起在法线上截取 $DO = \rho_D$,$\rho_D$ 在数值上等于在 $D$ 点的曲率 $K_D$ 的倒数,即

$$\rho_D = \frac{1}{K_D} \tag{1.23}$$

我们将 $\rho_D$ 叫作曲线在点 $D$ 处的曲率半径。以 $O$ 点为圆心,$\rho_D$ 为半径的圆,叫作曲线在点 $D$ 的曲率圆。过点 $D$ 的曲率圆的曲率与曲线在点 $D$ 的曲率相同。

不难得知,圆的曲率半径处处相等,且曲率半径即为圆的半径。

## (二)向心加速度

如果已知天体在某一点的速度 $v$,则天体在该点的向心加速

度 $w$ 可用速度 $v$ 和该点的曲率半径 $\rho$ 表出。

天体在轨道上任一点 $D$ 的向心加速度,由定义知

$$w = \lim_{\Delta t \to 0} \frac{\Delta v}{\Delta t}$$

天体在点 $D$ 的速度为 $v$,在与点 $D$ 极其
接近的一点 $D_1$ 的速度为 $v_1$(图 1-37 中为
了让大家看得更清楚,把 $D$ 与 $D_1$ 画得较
远),则从 $D$ 到 $D_1$ 的速度的变化为 $\Delta v = v \cdot$
$\Delta\theta$,令 $\overset{\frown}{DD_1} = \Delta s$,则从 $D$ 到 $D_1$ 所用的时间为
$\Delta t = \frac{\Delta s}{v}$,当 $\Delta t \to 0$ 时,即 $\Delta s \to 0$,则得

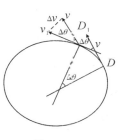

图 1-37

$$w = \lim_{\Delta t \to 0}\frac{\Delta v}{\Delta t} = \lim_{\Delta s \to 0}\frac{v \cdot \Delta\theta}{\dfrac{\Delta s}{v}} = v^2 \lim_{\Delta s \to 0}\frac{\Delta\theta}{\Delta s}$$

根据曲率和曲率半径的定义:($\Delta s \to 0$,即 $D_1 \to D$)

$$K_D = \lim_{\Delta s \to 0}\frac{\Delta\theta}{\Delta s} = \frac{1}{\rho_D}$$

所以,天体运动在轨道上任一点 $D$ 时的向心加速度为

$$w = \frac{v^2}{\rho_D} \qquad (1.24)$$

显然,若天体做圆周运动,其半径为 $R$,则 $\rho_D = R$

所以

$$w = \frac{v^2}{R}$$

这正是中学物理中所介绍过的向心加速度公式。

（三）椭圆顶点的曲率半径

证明在椭圆中，过顶点 $A$ 的曲率半径

$$\rho_A = p$$

[**证明**] 如图 1-38 所示，过点 $A$ 的
法线 $AB$ 与接近 $A$ 点的任一点 $D$ 的法线
相交于 $X$。根据曲率半径的定义可知，
当点 $D$ 趋近于 $A$ 点时，$X$ 的极限位置为
$X^*$，即可确定点 $A$ 的曲率半径为

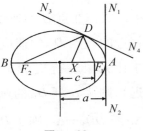

图 1-38

$$\rho_A = AX^*$$

$N_1N_2$，$N_3N_4$ 分别为过 $A$ 点和 $D$ 点的切线。

由椭圆切线的性质可得知

$$\angle F_1DX = \angle F_2DX$$

在 $\triangle F_1DF_2$ 中，根据三角形内角平分线的性质

$$\frac{F_1X}{DF_1} = \frac{F_2X}{DF_2}$$

当 $D \rightarrow A$，$X \rightarrow X^*$，则有

$$\frac{F_1X^*}{AF_1} = \frac{F_2X^*}{AF_2}$$

即

$$\frac{\rho_A - (a-c)}{a-c} = \frac{(a+c) - \rho_A}{a+c}$$

则得

$$\rho_A = \frac{a^2 - c^2}{a} = \frac{b^2}{a} = p$$

所以

$$\rho_A = p \tag{1.25}$$

## (四) 抛物线顶点的曲率半径

证明在抛物线中, 过顶点 $A$ 的曲率半径

$$\rho_A = p$$

[证明] 如图 1 – 39 所示, 过点 $A$ 的
法线 $AG$ 与接近点 $A$ 的任一点 $D$ 的法线
相交于 $X$。根据曲率半径的定义可知,
当点 $D$ 趋近于点 $A$ 时, $X$ 的极限位置为
$X^*$, 即可确定在点 $A$ 的曲率半径为

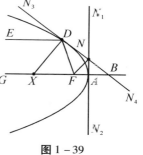

图 1 – 39

$$\rho_A = AX^*$$

$N_1N_2, N_3N_4$ 分别为过点 $A$ 和点 $D$ 的切线。

由抛物线切线的性质可得知

$$\angle FDN_4 = \angle EDN_3$$

因为 $$DE /\!/ AX$$

所以 $$\angle EDN_3 = \angle FBN_3$$

则 $$\angle FDN_4 = \angle FBN_3$$

则 $$FD = FB$$

作 $$FN \perp N_3N_4$$

则 $$DN = NB$$

显然, $$\triangle XBD \backsim \triangle FBN$$

则 $$\frac{DX}{FN} = \frac{DB}{NB}$$

即 $$\frac{DX}{FN} = \frac{2}{1}$$

当 $D \to A$ 时，$X \to X^*$，则有

$$\frac{AX^*}{FA} = \frac{2}{1}$$

而

$$FA = p/2$$

则

$$\frac{\rho_A}{p/2} = \frac{2}{1}$$

所以

$$\rho_A = p \qquad\qquad (1.26)$$

（五）双曲线顶点的曲率半径

证明在双曲线中，过顶点的曲率半径

$$\rho_A = p$$

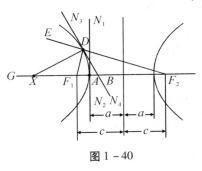

图 1 - 40

[**证明**]如图 1 - 40 所示，过点 $A$ 的法线 $AG$ 与接近点 $A$ 的任一点 $D$ 的法线相交于 $X$。根据曲率半径的定义可知：当点 $D$ 趋近于点 $A$ 时，$X$ 的极限位置为 $X^*$，即可确定在 $A$ 点的曲率半径为

$$\rho_A = AX^*$$

$N_1 N_2$，$N_3 N_4$ 分别为过点 $A$ 和点 $D$ 的切线。

由双曲线切线的性质可得知

$$\angle F_1 DX = \angle EDX$$

在 $\triangle F_1 D F_2$ 中，根据三角形外角平分线的性质，则

$$\frac{DF_2}{DF_1} = \frac{F_2X}{F_1X}$$

当 $D \rightarrow A$ 时,$X \rightarrow X^*$,则有

$$\frac{AF_2}{AF_1} = \frac{F_2X^*}{F_1X^*}$$

即

$$\frac{c+a}{c-a} = \frac{\rho_A + (c+a)}{\rho_A - (c-a)}$$

即

$$\rho_A = \frac{c^2 - a^2}{a} = \frac{b^2}{a} = p$$

所以

$$\rho_A = p \tag{1.27}$$

由上述证明可知,圆锥曲线顶点的曲率半径等于半通径,即

$$\rho = p$$

(六)圆锥曲线统一的曲率半径公式

应用微分法可以证明,圆锥曲线统一的曲率半径公式为

$$\rho = p / \sin^3 \alpha \tag{1.28}$$

其中 $\alpha$ 为矢径与切线之间的夹角。

(1.28)式的高等数学证明见附录 3。在圆锥曲线的顶点处 $\alpha = 90°$,$\sin \alpha = 1$,则 $\rho = p$。

下面应用中学生能够掌握的数学方法,即应用较为初等的数学方法,证明圆锥曲线统一的曲率半径公式为

$$\rho = p / \sin^3 \alpha。$$

首先证明,在切线坐标中,一般的曲率($K$)的计算公式为

$$K = 2\sin^3 \alpha \lim_{r \to 0} \frac{(r_1 + r_2)r - 2r_1r_2\cos\varepsilon}{(r_1 + r_2)r^2\sin^2\varepsilon} \tag{1.29}$$

曲率半径($\rho$)为曲率的倒数。则有在切线坐标中,一般的曲率半径计算公式为

$$\rho = \frac{1}{2\sin^3\alpha}\lim_{\varepsilon\to 0}\frac{(r_1+r_2)r^2\sin^2\varepsilon}{(r_1+r_2)r-2r_1r_2\cos\varepsilon} \qquad (1.30)$$

[**证明**]如图 1 - 41 所示,设在极坐标系中,曲线方程为 $r = r(\theta)$。考虑曲线上任一点 $D$,以及接近点 $D$ 的另外两点点 $C$ 和点 $B$,表为 $D(r,\theta)$,$C(r_2,\theta+\varepsilon)$,$B(r_1,\theta-\varepsilon)$。其中 $r_1 = r(\theta-\varepsilon)$,$r_2 = r(\theta+\varepsilon)$。

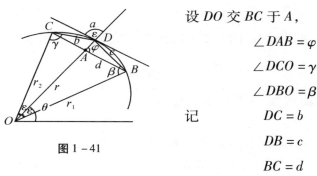

设 $DO$ 交 $BC$ 于 $A$,

$\angle DAB = \varphi$

$\angle DCO = \gamma$

$\angle DBO = \beta$

记

$DC = b$

$DB = c$

$BC = d$

图 1 - 41

设 $D,B,C$ 三点所决定的圆半径为 $\rho(\theta,\varepsilon)$,根据曲率半径的定义可知,曲线在点 $D$ 的曲率半径为

$$\rho = \lim_{\varepsilon\to 0}\rho(\theta,\varepsilon) \qquad (1.31)$$

在点 $D$ 的曲率即为

$$K = \lim_{\varepsilon\to 0}\frac{1}{\rho(\theta,\varepsilon)} \qquad (1.32)$$

$\triangle DBC$ 的面积 $S$ 为

$$S = \frac{1}{2}bc\sin D$$

由图 1－42 可知

$$\sin D = \sin D^* = \frac{d}{2R}$$

所以

$$\frac{\sin D}{d} = \frac{1}{2R}$$

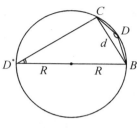

**图 1－42**

所以

$$\frac{S}{\frac{1}{2}bcd} = \frac{\frac{1}{2}bc\sin D}{\frac{1}{2}bcd} = \frac{\sin D}{d} = \frac{1}{2R}$$

则知，$D,B,C$ 三点的平均曲率为

$$K(\theta,\varepsilon) = \frac{1}{\rho(\theta,\varepsilon)} = \frac{1}{R} = \frac{4S}{bcd} \tag{1.33}$$

由(1.33)式得知，$D,B,C$ 三点上的平均曲率，由 $\triangle DBC$ 的面积 $S$ 和边长 $b,c,d$ 所决定。

另一方面，$\triangle DBC$ 的面积 $S$ 为

$$S = \frac{1}{2}d \cdot DA \cdot \sin \varphi = \frac{d}{2}(r - OA)\sin \varphi \tag{1.34}$$

又由正弦定理可知

$$\frac{b}{\sin \varepsilon} = \frac{r}{\sin \gamma}, \frac{c}{\sin \varepsilon} = \frac{r}{\sin \beta}$$

所以

$$bc = \frac{r^2 \sin^2 \varepsilon}{\sin \gamma \cdot \sin \beta} \tag{1.35}$$

又由

$$\triangle OBC = \triangle OBA + \triangle OCA$$

由三角形面积公式可知

$$\frac{1}{2}r_1 r_2 \sin 2\varepsilon = \frac{1}{2}OA \cdot r_1 \sin \varepsilon + \frac{1}{2}OA \cdot r_2 \sin \varepsilon$$

考虑到 $\sin 2\varepsilon = 2\sin \varepsilon \cdot \cos \varepsilon$，且用 $r_1 r_2 \cdot OA$ 除以上式两边，

得

$$\frac{2\cos\varepsilon}{OA} = \frac{1}{r_1} + \frac{1}{r_2} = \frac{r_1 + r_2}{r_1 r_2}$$

所以
$$OA = \frac{2r_1 r_2}{r_1 + r_2}\cos\varepsilon \tag{1.36}$$

将式(1.34)、(1.35)、(1.36)代入式(1.33)得

$$K = \lim_{\varepsilon \to 0}\frac{1}{\rho(\theta,\varepsilon)} = \lim_{\varepsilon \to 0}\frac{2d\cdot\sin\varphi\cdot\left(r - \dfrac{2r_1 r_2}{r_1 + r_2}\cos\varepsilon\right)}{d\cdot bc}$$

$$= \lim_{\varepsilon \to 0}\frac{2\left[(r_1 + r_2)r - 2r_1 r_2\cos\varepsilon\right]\sin\varphi}{(r_1 + r_2)\dfrac{r^2\sin^2\varepsilon}{\sin\gamma\cdot\sin\beta}}$$

$$= \lim_{\varepsilon \to 0}(2\sin\varphi\cdot\sin\gamma\cdot\sin\beta)\cdot\lim_{\varepsilon \to 0}\frac{(r_1 + r_2)r - 2r_1 r_2\cos\varepsilon}{(r_1 + r_2)r^2\sin^2\varepsilon}$$

当$\varepsilon \to 0$时，$\sin\varphi \to \sin\alpha$，$\sin\gamma \to \sin\alpha$，$\sin\beta \to \sin\alpha$

则得

$$K = 2\sin^3\alpha\cdot\lim_{\varepsilon \to 0}\frac{(r_1 + r_2)r - 2r_1 r_2\cos\varepsilon}{(r_1 + r_2)r^2\sin^2\varepsilon}$$

于是我(1.29),(1.30)得证。

应用公式(1.29)或(1.30),不难证明圆锥曲线统一的曲率半径公式(1.28)。

[证明]由圆锥曲线的极坐标方程(1.10),可写出

$$r = \frac{p}{1 + e\cos\theta} \tag{1.37}$$

$$r_1 = \frac{p}{1 + e\cos(\theta - \varepsilon)} \tag{1.38}$$

70

$$r_2 = \frac{p}{1 + e\cos(\theta + \varepsilon)} \qquad (1.39)$$

由式(1.38)、(1.39)可计算出

$$\frac{r_1 r_2}{r_1 + r_2} = \frac{1}{\dfrac{1}{r_1} + \dfrac{1}{r_2}} = \frac{p}{2 + e[\cos(\theta - \varepsilon) + \cos(\theta + \varepsilon)]}$$

根据三角的加法公式知

$$\cos(\theta \pm \varepsilon) = \cos\theta \cdot \cos\varepsilon \mp \sin\theta \cdot \sin\varepsilon$$

所以

$$\frac{r_1 r_2}{r_1 + r_2} = \frac{1}{\dfrac{1}{r_1} + \dfrac{1}{r_2}} = \frac{p}{2(1 + e\cos\theta \cdot \cos\varepsilon)} \qquad (1.40)$$

将式(1.37)、(1.40)代入计算曲线曲率的公式(1.29),先计算后半部分如下:

$$\lim_{\varepsilon \to 0} \frac{(r_1 + r_2)r - 2r_1 r_2 \cos\varepsilon}{(r_1 + r_2)r^2 \sin^2\varepsilon} = \lim_{\varepsilon \to 0} \frac{r - \dfrac{2\cos\varepsilon}{\dfrac{1}{r_1} + \dfrac{1}{r_2}}}{r^2 \sin^2\varepsilon}$$

$$= \lim_{\varepsilon \to 0} \frac{\dfrac{p}{1 + e\cos\theta} - \dfrac{p\cos\varepsilon}{1 + e\cos\theta \cdot \cos\varepsilon}}{\dfrac{p^2}{(1 + e\cos\theta)^2} \cdot \sin^2\varepsilon}$$

$$= \lim_{\varepsilon \to 0} \frac{1}{p} \frac{(1 + e\cos\theta) - \dfrac{(1 + e\cos\theta)^2 \cos\varepsilon}{1 + e\cos\theta \cdot \cos\varepsilon}}{\sin^2\varepsilon}$$

$$= \lim_{\varepsilon \to 0} \frac{1}{p} \left(\frac{1 + \cos\theta}{1 + e\cos\theta \cdot \cos\varepsilon}\right) \left[\frac{(1 + e\cos\theta \cdot \cos\varepsilon) - (1 + e\cos\theta)\cos\varepsilon}{\sin^2\varepsilon}\right]$$

$$= \frac{1}{p} \lim_{\varepsilon \to 0} \left(\frac{1 + e\cos\theta}{1 + e\cos\theta \cdot \cos\varepsilon}\right) \left(\frac{1 - \cos\varepsilon}{\sin^2\varepsilon}\right) \qquad (1.41)$$

$$\lim_{\varepsilon \to 0}\left( \frac{1 + e\cos\theta}{1 + e\cos\theta \cdot \cos\varepsilon} \right) = 1 \tag{1.42}$$

根据三角的倍角公式知

$$\cos\varepsilon = \cos^2\frac{\varepsilon}{2} - \sin^2\frac{\varepsilon}{2} = 1 - 2\sin^2\frac{\varepsilon}{2}$$

所以

$$1 - \cos\varepsilon = 2\sin^2\frac{\varepsilon}{2} \tag{1.43}$$

将式(1.42)、(1.43)代入式(1.41)得

$$\lim_{\varepsilon \to 0}\frac{(r_1 + r_2)r - 2r_1 r_2\cos\varepsilon}{(r_1 + r_2)r^2\sin^2\varepsilon} = \frac{1}{p}\lim_{\varepsilon \to 0}\left( \frac{1 - \cos\varepsilon}{\sin^2\varepsilon} \right)$$

$$= \frac{1}{p}\lim_{\varepsilon \to 0}\frac{2\sin^2\frac{\varepsilon}{2}}{4\sin^2\frac{\varepsilon}{2}\cos^2\frac{\varepsilon}{2}} = \frac{1}{2p} \tag{1.44}$$

将式(1.44)代入式(1.29)得圆锥曲线的曲率公式为

$$K = 2\sin^3\alpha\frac{1}{2p} = \frac{\sin^3\alpha}{p} \tag{1.45}$$

则得圆锥曲线统一的曲率半径公式为

$$\rho = \frac{1}{K} = \frac{p}{\sin^3\alpha} \tag{1.46}$$

于是式(1.28)得证。(更为简洁的证明参见附录8)

➤ ➤ ➤ ➤ ➤

　　推理力学是一门能准确提出并论证不论何种力所引起的运动,以及产生任何运动所需要的力的科学……我从天文现象中推导出使物体趋向太阳和几个行星的重力,然后根据其他同样是数学上论证了的命题,从这些力中推演出行星、彗星、月球和海潮的运动。

　　　　　　　　　　　　——牛顿(见《自然哲学之数学原理》)

## 第一、第二章 结 构

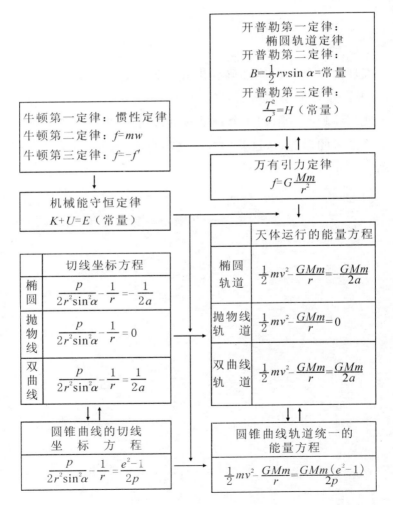

开普勒第一定律：
　椭圆轨道定律
开普勒第二定律：
$B=\dfrac{1}{2}rv\sin\alpha=$常量
开普勒第三定律：
$\dfrac{T^2}{a^3}=H$（常量）

牛顿第一定律：惯性定律
牛顿第二定律：$f=mw$
牛顿第三定律：$f=-f'$

万有引力定律
$f=G\dfrac{Mm}{r^2}$

机械能守恒定律
$K+U=E$（常量）

天体运行的能量方程

| | 切线坐标方程 |
|---|---|
| 椭圆 | $\dfrac{p}{2r^2\sin^2\alpha}-\dfrac{1}{r}=-\dfrac{1}{2a}$ |
| 抛物线 | $\dfrac{p}{2r^2\sin^2\alpha}-\dfrac{1}{r}=0$ |
| 双曲线 | $\dfrac{p}{2r^2\sin^2\alpha}-\dfrac{1}{r}=\dfrac{1}{2a}$ |

| | 天体运行的能量方程 |
|---|---|
| 椭圆轨道 | $\dfrac{1}{2}mv^2-\dfrac{GMm}{r}=-\dfrac{GMm}{2a}$ |
| 抛物线轨道 | $\dfrac{1}{2}mv^2-\dfrac{GMm}{r}=0$ |
| 双曲线轨道 | $\dfrac{1}{2}mv^2-\dfrac{GMm}{r}=\dfrac{GMm}{2a}$ |

圆锥曲线的切线
坐标方程
$\dfrac{p}{2r^2\sin^2\alpha}-\dfrac{1}{r}=\dfrac{e^2-1}{2p}$

圆锥曲线轨道统一的
能量方程
$\dfrac{1}{2}mv^2-\dfrac{GMm}{r}=\dfrac{GMm(e^2-1)}{2p}$

# 第二章　天体运行的规律

　　本章将论述行星的运动学和动力学。开普勒行星运动三定律说明了行星在怎样运动。牛顿力学三定律和万有引力定律解释了行星为什么会这样运动。本章还着重论述了天体运行的能量方程。作者推导出天体运行统一的能量方程。

　　本章的简要结构如下：

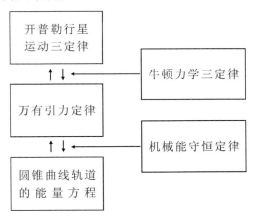

## 一、开普勒行星运动三定律

　　开普勒在哥白尼关于行星运动学说的基础上，根据第谷对行星运行的长期观察所记载下来的大量资料，归纳总结出了行星运

动三定律。

### 1. 开普勒行星运动第一定律

行星运行的轨道是一条平面曲线,其形状是椭圆,太阳就位于这椭圆的一个焦点上。

### 2. 开普勒行星运动第二定律

由太阳至行星的矢径 $r$ 在相等的时间内扫过的面积是相等的。

如果在时间 $\Delta t$ 内,矢径扫过的面积为 $\Delta A$,则有

$$B = \frac{\Delta A}{\Delta t} \tag{2.1}$$

行星运行一个周期 $T$ 的时间内,矢径扫过一椭圆面积 $\pi ab$,则有

$$B = \frac{\pi ab}{T} \tag{2.2}$$

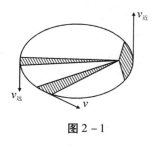

图 2 – 1

对同一个行星,面积速度 $B$ 为常数,对不同行星,则 $B$ 不相同。图 2 – 1 画出了由太阳至行星的矢径在相等的时间内所扫过的三块面积。行星运动第二定律指出这三块面积是相等的。从这里可以直观地看出:行星离太阳越远,速度越小,行星在远日点速度最小;行星离太阳越近,速度越大,行星在近日点速度最大。

对于平面曲线上任一点的面积速度，如图 2 - 2 所示，在 $\Delta t$ 的时间内，天体移动了路程 $\Delta s$。由于 $\Delta t$ 极小，$\Delta s$ 极小，则 $\Delta s$ 可以用直线代替曲线。曲线上一点的面积速度 $B$ 可表为

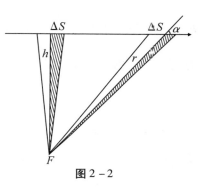

图 2 - 2

$$B = \lim_{\Delta t \to 0} \frac{\Delta A}{\Delta t} = \lim_{\Delta t \to 0} \frac{\frac{1}{2}\Delta s \cdot h}{\Delta t}$$

$$= \frac{1}{2}h \lim_{\Delta t \to 0} \frac{\Delta s}{\Delta t} = \frac{1}{2}hv$$

也即为

$$B = \frac{1}{2}rv\sin \alpha \qquad (2.3)$$

特殊地说，在近日点和远日点 $\alpha = 90°$，$\sin \alpha = 1$，则根据行星运动第二定律有

$$\frac{1}{2}r_{近} v_{近} = \frac{1}{2}r_{远} v_{远} = \frac{\pi ab}{T} \qquad (2.4)$$

用(2.4)式可求行星在近日点和远日点的速度。

3. 开普勒行星运动第三定律

行星运行的周期的平方($T^2$)，与其椭圆轨道的长半轴的立方($a^3$)之比，对于所有的行星是相同的，即

$$\frac{T^2}{a^3} = H \qquad (2.5)$$

$H$ 为一常数。在此后的内容中我们还推导出了 $H = \dfrac{4\pi^2}{GM}$ ,其中 $G$ 为万有引力常数, $M$ 为太阳质量,因而行星运动第三定律可表为

$$\frac{T^2}{a^3} = \frac{4\pi^2}{GM} \qquad\qquad (2.6)$$

从表 2 - 1 可以看出,行星运行的椭圆轨道与圆轨道相差不大,离心率都很小。最大的算水星,离心率为 0.206,最小的算金星,离心率为 0.007。

从表 2 - 1 还可十分明显地看出 $\dfrac{T^2}{a^3}$ 这一比值,即 $H$ 对于每一个行星来说都是相等的。这里我们取长半轴 $a$ 的单位为天文单位,天文单位即从地球到太阳的平均距离为 1,其距离等于 149 457 000 千米。周期 $T$ 的单位取为年,则

$$H = \frac{T^2}{a^3} = 1$$

表 2 - 1    太阳系八大行星

| 行星 | 轨道参数 | | | | |
|------|------|------|------|------|------|
| | 离心率 $e$ | 长半轴 $a$/天文单位 | 运行周期 $T$/年 | $a^3$ | $T^2$ |
| 水星 | 0.206 | 0.387 | 0.241 | 0.058 | 0.058 |
| 金星 | 0.007 | 0.723 | 0.615 | 0.378 | 0.378 |
| 地球 | 0.017 | 1.000 | 1.000 | 1.000 | 1.000 |
| 火星 | 0.093 | 1.524 | 1.881 | 3.540 | 3.538 |
| 木星 | 0.048 | 5.203 | 11.862 | 140.8 | 140.7 |
| 土星 | 0.056 | 9.539 | 29.458 | 868.0 | 867.9 |
| 天王星 | 0.047 | 19.191 | 84.015 | 7 069.9 | 7 068.5 |
| 海王星 | 0.009 | 30.071 | 164.788 | 27 192.1 | 27 156.1 |

# 二、牛顿力学三定律

## (一)牛顿力学三定律可以应用于天体

前面叙述了行星运动三定律,为了讨论行星为什么会这样运动,就必须应用牛顿力学三定律和万有引力定律。早在 17 世纪,牛顿通过对于月球运动的研究,就证明了支配天体运动的力和使地面上的物体自由下落的重力的性质是完全一样的。这说明地球上物体运动的力学规律可以应用到天体运动上去。

在 20 世纪初,爱因斯坦的相对论指出:牛顿力学的基本定律只有在物体运动速度比之于光速来说是十分小的情况下才能适用。而行星相对于太阳的平均速度比之于光速来说的确很小,很小。光速 $c = 3 \times 10^5$ 千米/秒,在诸行星中,平均轨道速度最大的算水星,$v_水 = 47.8$ 千米/秒,最小的算冥王星,$v_冥 = 4.83$ 千米/秒,而我们所居住的地球的平均轨道速度 $v_地 = 30$ 千米/秒。可见,从现代物理学的观点看,牛顿力学定律也是可以应用到天体运动上去的。只有当物体的速度可以与光速相比拟时,牛顿力学定律才会被相对论力学定律所代替。

总之,在解释行星运动的原因时,牛顿力学三定律和万有引力定律是适用的。牛顿力学三定律是建立在观察和实验基础上的客观规律。同时,也正因为应用牛顿力学三定律和万有引力定律较完满地解释了行星的运动,所以被承认为普遍规律。

1. 牛顿第一定律

任何物体都能保持它的静止或匀速直线运动状态,直到别的物体迫使它改变这种状态为止。这个定律又称惯性定律。

2. 牛顿第二定律

任何物体运动的加速度 $w$ 与物体所受的力 $f$ 成正比,与物体的质量 $m$ 成反比。加速度的方向与力的方向一致。表为

$$f = mw \qquad (2.7)$$

在米·千克·秒单位制中,力的单位是牛顿。

3. 牛顿第三定律

任何两个相互作用的物体所受的力,总是大小相等、方向相反、同时作用在不同的两个物体上。表为

$$f = -f' \qquad (2.8)$$

(二)地球运动说与牛顿第一定律

这里着重谈一谈牛顿第一定律与哥白尼关于地球运动学说的关系。一般物理教科书上常引证伽利略的斜面实验和对理想情况下的分析,从逻辑上论证惯性定律。这固然可以说得过去,但从历史来看,惯性定律是在哥白尼关于地球运动学说的直接推动下得到的。

大家知道,人们心目中的世界图像总是建立在一定的物理学

基础上。哥白尼以前,托勒密的地球中心说占统治地位。地球静止不动,位于宇宙中心,这样一幅世界图像得到了当时具有权威的物理学——亚里士多德物理学的支持。亚里士多德物理学认为:力是维持物体运动的原因。没有力的作用,物体便是静止不动的。这种物理学支持地球中心说,不承认地球的运动。他们认定:如果地球在运动,那么位于地球上空的物体,例如云霞、飞鸟、烟雾以及落体等必然会向后飞去,落到地球的后面——既然没有观察到这种现象,地球当然是静止不动的。在中世纪,上述说法成为否定哥白尼地球运动说的"有力"论据。虽然大量的天文观测事实是支持哥白尼的地球运动说,但这个新的世界图像必不可少地需要给予物理解释。哥白尼认为地球的自然运动不会破坏地球上物体的自然秩序。他认为做等速运动的地球是地球上的观察者无法感知的。一切与地球相联系的物体,包括云霞、飞鸟、烟雾以及落体都是与地球一起运动的。为了论证这一点,伽利略、布鲁诺等应用了:在封闭的船舱中的人做任何力学实验,都无法判断在匀速运动着的船是静止还是在运动。由此原理来加以说明。其实,这个运动着的船,恰恰就是运动着的地球的写照、类比。

　　人们自然会问:在做匀速直线运动的船中,一个人竖直向上跳起来,仍然落回原位置,就像船是静止一样,为什么会这样呢?这便需要用惯性作物理解释。因为当人竖直向上跳起来后,此人在船前进的方向上并未受到别的物体的作用,便仍然保持着与船一样的速度向前运动,所以仍落回船上的原地。上述解释对在运

81

动着的地球上的力学现象也适用。认识了惯性也就不难解释物体本身便能保持运动状态不变,即力并不是维持运动速度的原因。可见,只有否定亚里士多德错误的物理原理,才可从根本上否定地球静止不动这一世界图像。正是为了给予哥白尼地球运动说这一世界图像以物理解释,伽利略发现了惯性定律等物理原理。为了给惯性定律以逻辑论证,伽利略应用了斜面实验来说明:小球沿斜面向下运动要加速,沿斜面向上运动则要减速,因而沿水平运动时,则理应不加速不减速,即应匀速。考虑在无阻力的理想情况下,小球将一直匀速地运动下去——这个理想实验,无疑很好地说明了惯性定律。

## (三)牛顿力学三定律在什么参照系中成立?

一切物体都在运动。要描述物体的运动必须指出它相对于什么参照系。那么,牛顿第一定律所说的静止或匀速直线运动是相对于什么参照系呢?牛顿认为是相对于"绝对空间",而且时间对不同的参照系是以同样的快慢流逝着的,是"绝对时间"。牛顿的绝对时空观,得不到实验支持,现已被爱因斯坦的相对论时空观所代替。

物理学上定义,如果在某一参照系中牛顿第一定律成立,则称这一参照系为惯性系。不难推知,所有对这个惯性系做匀速直线运动的系统都是惯性系。实验表明,绝对精确的惯性系是没有的。通常把恒星作为一个足够精确的惯性系。选取相对于恒星为静止或匀速直线运动的参照系,则在这些参照系中牛顿力学定律成立。但是当我们选取相对于恒星做加速运动的参照系时,牛顿力学定律又能否成立呢? 显然,我们居住的地球就是这样的参照系(地球既自转又公转)。对此通常这样处理:或是证明这加速度影响很小,以至可以忽略不计;或者引入惯性力,使牛顿力学定律形式上仍然成立。

牛顿力学定律虽然有上述困难。但必须指出,在宏观世界中和低速情况下,牛顿力学定律已在很大范围内、很大程度上被证明是有效而精确的。

## (四)自由落体运动与牛顿第二定律

落体运动很早就为人们所注意,古代亚里士多德的物理学断言:物体下落时的快慢与它的重量成正比。即是说,重的物体比轻的物体落得快。伽利略等人用落体实验否定了这一谬论。

在物理学中,排开次要因素,考虑理想情况,忽略空气阻力和重力加速度随高度的微小变化,这样的落体运动称为自由落体运动。

实验表明:在地面上同一地点,重力加速度 $g$ 是一样的。重量 $F$ 变为 2 倍、3 倍……其重力加速度仍不变,可表为

$$g = \frac{F}{m} = \frac{2F}{2m} = \frac{3F}{3m} = \cdots\cdots$$

其中 $m$ 为物体的质量,由上式得

$$F = mg$$

这正是牛顿第二定律的一个具体应用。牛顿也正是从这些特殊的实例中归纳出了牛顿第二定律。

地面上某一点的重力加速度 $g$,实际上表征了地球的重力场在该点的强度。$g$ 是一个既与落体的质量 $m$ 无关,又与物体所受的重力 $F$ 无关的物理量。$g$ 仅仅用 $F$ 和 $m$ 的比值来测定。$g$ 用米/秒² 以及用牛顿/千克实际都是一样的。不同天体表面的 $g$ 值不同,例如月球表面 $g_月 = 1.98$ 米/秒²,地球表面 $g_地 = 9.80$ 米/秒²,这表明月球的重力场强度比地球的重力场强度小。

(五)地球表面的重力加速度 $g$ 的测定

伽利略应用他的斜槽实验,证明了小球做自由落体运动与小球沿斜槽运动,都是匀加速运动。当斜槽与水平面的角度 $\theta$ 越来越大时(如图 2 - 3 所示),小球的加速度也越来越大。当 $\theta = 90°$ 时,小球运动的加速度,即为重力加速度 $g$。

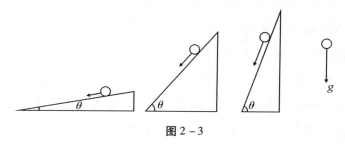

图 2 - 3

应用伽利略的自由落体运动公式

$$h = \frac{1}{2}gt^2 \qquad (2.9)$$

可以测定 $g$ 值。伽利略利用斜槽实验,使加速度减小,以便于测出 $g$ 值。当小球从静止开始沿斜槽运动时,伽利略又应用了当时可提供的简单仪器测出时间 $t$ 以及测出经过时间 $t$ 后的速度 $v$ 和

角度 $\theta$,从而粗略地测出了 $g$,即

$$g = \frac{v}{t \cdot \sin \theta}$$

荷兰物理学家惠更斯,发现了单摆公式

$$T = 2\pi \sqrt{\frac{l}{g}} \qquad (2.10)$$

其中 $T$ 为周期,$l$ 为摆长,$g$ 为重力加速度。应用单摆公式,便能更为精确地测定 $g$ 值,即

$$g = \frac{4\pi l}{T^2} \qquad (2.11)$$

由于在地面上各处的 $g$ 值不相同,故常用的是三个有效数字的平均值,常取 $g = 9.80$ 米/秒$^2$。

(六)圆周运动的向心加速度公式

惠更斯通过对单摆的研究,得出了做匀速圆周运动的物体的向心加速度公式为

$$w = \frac{4\pi^2 R}{T^2} \qquad (2.12)$$

其中 $T$ 为周期,$R$ 为半径,$w$ 为向心加速度。(2.12)式与前面推证的做圆周运动物体的向心加速度公式 $w = \frac{v^2}{R}$ 是一致的。

[证明]做匀速圆周运动的物体,其速度的大小不变 $v_1 = v_2 = v_3 = \cdots = v$,运动一周的时间为 $T$,路程为 $2\pi R$,则速度之大小为

$$v = \frac{2\pi R}{T} \qquad (2.13)$$

做匀速圆周运动的物体,速度大小不变,但方向在不断变化,物体运动一周后,速度的变化(见图2-4)为 $\Delta v = 2\pi v$,则加速度为

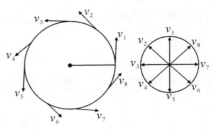

图2-4

$$w = \frac{2\pi v}{T} \qquad (2.14)$$

(2.13)式与(2.14)式中消去 $v$,则得

$$w = \frac{4\pi^2 R}{T^2} \qquad (2.15)$$

(2.13)式与(2.14)式中消去 $T$,则得

$$w = \frac{v^2}{R} \qquad (2.16)$$

根据牛顿第二定律,则知做匀速圆周运动的物体所受的向心力为

$$f_{向心} = m\frac{4\pi^2 R}{T^2} \qquad (2.17)$$

或

$$f_{向心} = m\frac{v^2}{R} \qquad (2.18)$$

## 三、万有引力定律

### (一)解释行星的运动需要万有引力定律

开普勒行星运动三定律说明了行星在怎样运动,但是并没有

说明为什么行星会这样运动。换句话说,只给出了几何描述,并没有给出物理解释。行星为什么会沿椭圆轨道运动呢?为什么面积速度相等呢?为什么周期的平方与长半轴的立方之比为常数呢?对于这些问题应用万有引力定律就能给出一种物理解释:行星之所以这样运动,其原因是受到中心天体——太阳的引力的缘故。

万有引力定律指出:宇宙中任何两个质点都相互吸引着,其引力的方向在两质点的连线上,其引力的大小与两质点的质量的乘积成正比,且与两质点间的距离的平方成反比。用公式表为

$$f = G\frac{Mm}{r^2} \tag{2.19}$$

实验直接证实了万有引力定律的正确,并精确地测定了比例常数 $G$。在米·千克·秒制中万有引力常数 $G = 6.67 \times 10^{-11}$ [(牛顿·米$^2$)/千克$^2$]。

## (二)万有引力定律的发现

伽利略关于落体运动定律的发现,以及惠更斯关于圆周运动向心加速度公式的发现,为牛顿发现万有引力定律开辟了道路。牛顿明确地提出了这样的问题:重力的作用能够传递到多远?它能传到月球吗?使地球上所有物体向地球中心的力是否也就是使月球绕地球运行并保持在轨道上的那个力?牛顿正确地回答了上述问题,这些问题的解决具有极为重要的意义。因为当时的正统看法是:天上的事,人们是不能认识的,那是另一个世界——

"月上世界",人们只能认识"月下世界"。牛顿划时代的贡献在于证明了支配行星运动的力和使地球上的物体下落的重力其性质完全是相同的。这样便打破了古代物理学关于"月上世界"和"月下世界"全然不同的神话和偏见。这说明地球上物体运动的力学规律可以应用到天体运动上去。"天上"和"地上"不是什么全然不同的世界,"天上"与"地上"并不存在不可逾越的鸿沟。

开普勒行星运动三定律发现后,便有不少人猜想天体间存在引力作用。1645 年法国天文学家布里阿尔德奥第一次提出了引力与距离的平方成反比的假设。根据类比,光的强度与光源的距离平方成反比,声音的强度同样与距声源的距离平方成反比。为什么引力就不会是这样呢?牛顿认为地球的引力应是向各个方向传播,球的表面积为 $4\pi R^2$,$g$ 实际上表征了引力的强度,如果引力的大小与 $R^2$ 成反比,即 $g$ 的大小必与 $R^2$ 成反比。牛顿首先根据月球的运动来验证上述想法。

假定月球轨道为圆形轨道。根据天文观测从地心到地面的距离为 $R = 6\,350$ 千米,从地心到月球的距离 $r = 384\,000$ 千米。换句话说,月球到地球的距离约等于地球半径的 60 倍,

即 $$r = 60R$$

若用 $g$ 表示地球表面处的重力加速度,用 $g'$ 表示在月球那样的距离上地球的重力加速度。根据重力加速度的大小与距离平方成反比的假设,则有

$$\frac{g}{g'} = \frac{r^2}{R^2}$$

即 $$g' = \frac{R^2}{r^2}g$$

将 $r = 60R$，以及 $g = 9.80$ 米/秒$^2$，代入上式得

$$g' = 0.273 \times 10^{-3}（米/秒^2）$$

另一方面，根据月球绕地球运行的周期 $T = 27.3$ 日，和月球到地球的距离 $r = 384\,000$ 千米，由惠更斯公式（2·12），可求出向心加速度 $w$ 为 $w = \frac{4\pi^2 r}{T^2}$

代入数字计算得

$$w = 0.273 \times 10^{-3}（米/秒^2）$$

得出 $g' = w = 0.273 \times 10^{-3}$ 米/秒$^2$，这就回答了牛顿提出的问题：重力能够传递到月球。使地球上所有物体落向地球中心的力，就是使月球做圆周运动的向心力。这就从一个具体的实例证明了万有引力定律。牛顿应用万有引力定律，对行星的运动等等一系列观测事实进行计算都证明为正确，从而牛顿归纳出万有引力定律是宇宙的一个普遍规律，所以前面冠以了"万有"两个字。

## （三）地球的质量

应用牛顿第二定律和万有引力定律推算地球的质量。在地球表面上的物体，因受到地球引力的作用，获得 $g = 9.80$ 米/秒$^2$的重力加速度，应用牛顿第二定律，地球对质量为 $m$ 的物体的力为

$$f = mg$$

如果，设地球的质量为 $M$，把地球视为圆球形，其半径 $R =$

89

6 350千米,应用万有引力定律,地球对地面上物体的引力为

$$f = G\frac{Mm}{R^2}$$

由上两式可知

$$mg = G\frac{Mm}{R^2}$$

所以 
$$M = \frac{gR^2}{G} \tag{2.20}$$

$$M = \frac{9.80 \times 6\ 350\ 000^2}{6.67 \times 10^{-11}} = 5.9 \times 10^{24}(千克)$$

精确测定值 $M = 5.976\ 8 \times 10^{24}$ 千克。

顺便指出,牛顿第二定律中的质量 $m$ 表征物体的惯性,称为惯性质量。而万有引力定律中的质量 $m$ 是表征物体产生引力场或受到引力场作用的能力。大量的实验以极高的精确度(高达 $10^{-10}$ 的相对精确度)证明了惯性质量和引力质量总是相等的,不可能把两者区别开来,因此没有区别的必要,可以统称为质量。爱因斯坦正是根据惯性质量等于引力质量这一基本实验事实,将其作为了建立广义相对论的基础。

### (四)万有引力定律的推证

大学物理教科书上,对万有引力定律常常有两种相反的处理方法:其一,从开普勒行星运动三定律,应用牛顿力学三定律,推导出万有引力定律;其二,从万有引力定律,应用牛顿力学三定律,推导出开普勒行星运动三定律。但是所用的数学都较复杂。

我们这里用较为初等的方法,从开普勒行星运动三定律和牛顿力学三定律,推导出万有引力定律。在附录 7 中,作者应用切线坐标,给出了万有引力定律和开普勒定律的相互推导的新的方法。

行星在轨道上每一点所具有的速度的方向,是沿曲线的切线的方向。当行星位于轨道上任一点 $D$ 时,其速度的方向是沿 $DN$ 方向(见图 2 – 5)。根据牛顿第一定律,行星若没有受其他物体的作用,将保持原有的速度做匀速直线运动。但根据开普勒行星运动第一定律,行星又并不是做匀速直线运动的,而是沿椭圆轨道做曲线运动。显然,运动状态改变了。由此可见,行星必受一外力作用,使行星不断改变运动状态,做曲线运动。

根据开普勒行星运动第二定律,可说明行星做曲线运动所受的外力来源于太阳,其力的方向是指向太阳的。假设位于点 $D$ 的行星在 $\Delta t$ 的时间内经过了一段路程 $\overset{\frown}{DD_1}$,由于 $\Delta t$ 时间极短,可以用直线段 $DD_1$ 来代替曲线段(图 2 – 6)。如果行星没有受到其他物体的作用力,根据牛顿第一定律,在下一个 $\Delta t$ 时间内,行星将保持原有的速度而走同样长的距离,即 $DD_1 = D_1N$。显然,$\Delta FDD_1$ 与

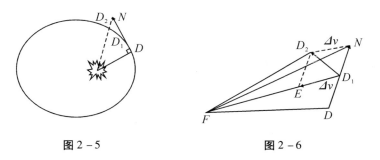

图 2 – 5　　　　　　　　图 2 – 6

力学与航天

$\triangle FD_1N$ 的面积是相等的。可是，实际上太阳对行星始终存在引力，行星才可能做曲线运动。在下一个 $\Delta t$ 时间后不是达到点 $N$，而是达到点 $D_2$。根据开普勒行星运动第二定律，行星在相等的时间内扫过的面积是相等的，即 $\triangle FD_1D_2$ 的面积等于 $\triangle FDD_1$ 的面积。因而，$\triangle FD_1D_2$ 的面积也就等于 $\triangle FD_1N$ 的面积。因为同底的两个三角形，只有高相等才能使面积相等，所以必有 $ND_2 /\!/ D_1F$。作 $D_2E /\!/ ND_1$，则 $D_1ED_2N$ 为平行四边形。速度是矢量，矢量的合成是按照平行四边形法则。从图 $2-6$ 可知，行星运动速度的方向由 $DN$ 变为 $D_1D_2$，其速度的变化 $\Delta v$ 是沿 $D_1F$ 的方向，即加速度的方向是指向位于 $F$ 点的太阳。由此可见，行星做曲线运动所受的力是沿矢径方向，且指向太阳。

根据开普勒行星运动第二和第三定律，可说明太阳作用于行星的引力与该行星到太阳的距离的平方成反比。下面我们先以行星在近日点所受太阳的引力来说明。

根据开普勒行星运动第二定律

$$\frac{1}{2}r_近 v_近 = B$$

则

$$v_近 = \frac{2B}{r_近}$$

行星在近日点的向心加速度由式（1.24）知

$$w = \frac{v_近^2}{\rho_近}$$

由式（1.25）知

$$\rho_近 = p$$

所以

$$w = \frac{4B^2}{pr_近^2} \qquad (2.21)$$

92

上式的推导是选择一特殊点——近日点来推导的。从任一点的推导由后面的(2.32)式便可得到。这里的推导结果是可以推至任一点的。

又由开普勒行星运动第二定律知

$$B = \frac{\pi ab}{T}$$

则

$$B^2 = \frac{\pi^2 a^2 b^2}{T^2}$$

但由式(1.8)知 $p = \frac{b^2}{a}$

则

$$B^2 = \pi^2 p \frac{a^3}{T^2} \qquad (2.22)$$

根据开普勒行星运动第三定律知

$$\frac{T^2}{a^3} = H \qquad (2.23)$$

$H$ 对所有行星都为一相同常数。

将式(2.22)、(2.23)代入式(2.21)则得

$$w = \frac{4\pi^2}{Hr_{近}^2} \qquad (2.24)$$

根据牛顿第二定律,得行星受太阳的引力为

$$f = m\frac{4\pi^2}{Hr_{近}^2} \qquad (2.25)$$

其中 $m$ 为行星的质量,对所有的行星 $\pi$ 和 $H$ 均为相同常数。令 $\frac{4\pi^2}{H} = \mu, \mu$ 为一新的常数,则上式表为

$$f = \mu \frac{m}{r_{近}^2} \qquad (2.26)$$

这便是行星位于近日点时所受太阳的引力,其引力的大小是与行星到太阳的距离的平方成反比。可以推知,行星在任一位置上,行星受太阳的引力为

$$f = \mu \frac{m}{r^2} \qquad (2.27)$$

根据牛顿第三定律,既然太阳作用在行星上的引力为 $f = \mu \dfrac{m}{r^2}$,其方向指向太阳,那么,太阳也就必定受行星的引力 $f'$,$f' = -\mu' \dfrac{M}{r^2}$,$M$ 为太阳的质量,$\mu'$ 为一常量。$f'$ 的方向与 $f$ 相反,是

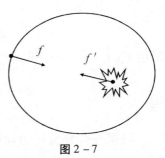

图 2 – 7

指向行星的。负号就表示了 $f'$ 与 $f$ 方向相反(如图 2 – 7)。由牛顿第三定律知

$$|f| = |f'|$$

即

$$\mu \frac{m}{r^2} = \mu' \frac{M}{r^2}$$

即得

$$\frac{\mu}{M} = \frac{\mu'}{m}$$

令其此值为一常数 $G$,即

$$\frac{\mu}{M} = \frac{\mu'}{m} = G \qquad (2.28)$$

代入式(2.27)则得

$$f = G\frac{Mm}{r^2}$$

以及
$$f' = -G\frac{Mm}{r^2}$$
$$\left.\right\} \quad (2.29)$$

我们这里是选取指向太阳的方向为正,指向行星的方向为负;反之,如果我们选取指向行星的方向为正,指向太阳的方向为负,则有

$$f = -G\frac{Mm}{r^2}$$

以及
$$f' = G\frac{Mm}{r^2}$$
$$\left.\right\} \quad (2.30)$$

万有引力定律的公式通常不带符号,但一定要注意力的方向是沿相互吸引的方向,即

$$f = G\frac{Mm}{r^2} \qquad (2.31)$$

其中 $G$ 称为万有引力常数。

这样我们便从开普勒行星运动三定律和牛顿力学三定律,推导出了万有引力定律。

（五）证明 $\dfrac{4B^2}{P} = GM$

应用万有引力定律,可以证明天体力学中一个重要公式 $\dfrac{4B^2}{p} = GM$,其中 $B$ 为面积速度,$p$ 为半通径,$G$ 为万有引力常数,$M$ 为中心天体的质量。

[**证明**]根据天文观测,质量为 $m$ 的天体,在质量为 $M$ 的中心天体的引力作用下,按圆锥曲线轨道运动。注意,并非仅仅是椭圆轨道。在轨道上任一点 $D$ 的法向分力为 $f_n$(如图 2 – 8 所示)。显然,引力 $f$ 沿切向的分力 $f_\tau$ 不会使轨道弯曲,

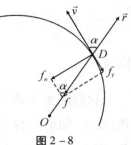

图 2 – 8

因此,只有沿法向的分力 $f_n$ 才能使天体做曲线运动而产生向心加速度。

根据牛顿第二定律

$$f_n = \frac{mv^2}{\rho}$$

而 $$f_n = f \cdot \sin \alpha$$

由(2.3)式知

$$v^2 = \frac{4B^2}{r^2 \sin^2 \alpha}$$

由(1.28)式知 $$\rho = \frac{p}{\sin^3 \alpha}$$

将上面三式代入第一式,则得

$$f = m \frac{4B^2}{pr^2} \tag{2.32}$$

这与(2.21)式是一样的,只不过(2.21)式是由椭圆轨道的近日点推得,而(2.32)式是由圆锥曲线轨道上任一点所推得。

另一方面我们知道,这里的 $f$ 为万有引力,则有

$$m \frac{4B^2}{pr^2} = G \frac{Mm}{r^2} \tag{2.33}$$

所以
$$\frac{4B^2}{p} = GM \qquad (2.34)$$

（六）开普勒第三定律的推导

根据（2.34）式可以十分简单地证明,开普勒行星运动第三定律的常数 $H = \frac{4\pi^2}{GM}$,即可证: $\frac{T^2}{a^3} = \frac{4\pi^2}{GM}$。

[证明]根据开普勒行星运动第二定律
$$B = \frac{\pi ab}{T}$$

且对于椭圆轨道
$$p = \frac{b^2}{a}$$

将上两式代入（2.34）式得
$$\frac{T^2}{a^3} = \frac{4\pi^2}{GM} \qquad (2.35)$$

这便是开普勒行星运动第三定律的公式表述。

（2.35）式并不是一个精确的公式,（2.35）式只有当行星质量大大地小于太阳质量时才正确,这时是假定了太阳静止。如果考虑到太阳本身也要被行星吸引而运动,则开普勒行星运动第三定律的公式为:
$$\frac{T^2}{a^3} = \frac{4\pi^2}{G(M+m)}$$

[证明]根据牛顿第二定律和万有引力定律,考虑行星做圆周运动,则行星的向心加速度为
$$w_{行} = \frac{f}{m} = \frac{GM}{r^2}$$

太阳的向心加速度为

$$w_{太} = \frac{f}{M} = \frac{Gm}{r^2}$$

则行星相对于太阳的向心加速度为

$$w_{行-太} = \frac{G(M+m)}{r^2} \qquad (2.36)$$

另一方面,考虑行星做圆周运动,根据惠更斯公式(2.12)则

$$w_{行-太} = \frac{4\pi^2 r}{T^2} \qquad (2.37)$$

由上两式得

$$\frac{4\pi^2 r}{T^2} = \frac{G(M+m)}{r^2}$$

所以

$$\frac{T^2}{r^3} = \frac{4\pi^2}{G(M+m)}$$

推广到椭圆轨道,$r$ 取平均半径,$r_{平均} = \dfrac{r_{近} + r_{远}}{2} = a$,

则有

$$\frac{T^2}{a^3} = \frac{4\pi^2}{G(M+m)} = H' \qquad (2.38)$$

可见,考虑到行星和太阳的相对运动,则可视太阳的质量为 $M+m$,显然常数 $H'$ 对所有的行星并不是一样的。实际上,太阳的质量比行星的质量大许多倍。例如,太阳系中最大的行星是木星,其质量也只有太阳质量的 $1/1\,047$,则

$$\frac{H'}{H} = \frac{\dfrac{4\pi^2}{G(M+m)}}{\dfrac{4\pi^2}{GM}} = \frac{M}{M+m} = \frac{1}{1 + \dfrac{m}{M}} = \frac{1\,047}{1\,048} \approx 1$$

　　可见,开普勒行星运动第三定律的近似程度是很高的。对于发射人造天体,其质量比之于地球或太阳的质量那就微乎其微了,因此,开普勒第三定律在星际航行中是能够应用的。

## 四、能量守恒和转化定律

### (一)动能公式

　　物体做机械运动而具有的能量称为动能。在物体平动时的动能是由物体的质量 $m$ 和速度 $v$ 所决定的。为得出动能公式,我们应先来计算必须对物体做多少功,才能使质量为 $m$ 的物体速度由 $v_0$ 增加到 $v$。

　　我们假定力 $f$ 为恒力,且沿 $x$ 轴方向,质量为 $m$ 的物体受力沿 $x$ 方向做匀速直线运动。设 $t=0$ 时,物体位于 $x=0$ 的位置,且此时刻物体的速度为 $v_0$,当时间为 $t$ 时,物体通过了路程为 $s$。根据牛顿第二定律和匀加速直线运动的公式,则得知外力 $f$ 所做之功为

$$W = f \cdot s = mas = m\frac{v-v_0}{t} \cdot \frac{v+v_0}{2} \cdot t$$

即
$$W = \frac{1}{2}mv^2 - \frac{1}{2}mv_0{}^2 = K - K_0$$

　　外力所做的功 $W$ 等于物体能量的变化,这里能量的变化为 $K-K_0$,以 $K$ 表示物体的动能,则

$$K = \frac{1}{2}mv^2 \qquad\qquad (2.39)$$

即当物体质量为 $m$，速度为 $v$ 时，其动能为 $K = \frac{1}{2}mv^2$。

若外力 $f$ 为变力，且物体运动轨道为一曲线时，同样可得 $W = K - K_0$，其证明要应用微积分，参看附录4。

### （二）引力势能公式

物体之间存在相互作用而具有的能量，称之为势能。势能由物体之间的相对位置和相互作用力的性质所决定。物体之间由于万有引力的相互作用而具有的势能，称为引力势能。我们这里只研究引力势能，而不涉及弹性势能、电磁势能、核势能等等，因此，我们这里就把引力势能简称为势能。

在地面上，我们把重量为 $F(F = mg)$ 的物体从 $h_0$ 举高到 $h$，则必须做功 $W = mg(h - h_0)$，外力所做的功等于物体势能的增加，即

$$W = mgh - mgh_0 = U - U_0$$

如果设物体在地球表面 $h_0 = 0$ 处的势能为零，即 $U_0 = 0$，则

$$U = mgh \qquad\qquad (2.40)$$

这是引力势能在特定情况下的公式。这里是选取地面的势能为零，$h$ 是指离地面的高度。这一公式假定了引力大小不变，恒为 $mg$。显然，这公式只适用于 $h \ll R$（$R$ 为地球半径）的情况。当一个物体离开地球相当大的距离时，地球与物体之间的引力会发生很大变化，这时引力就不能认为是恒量 $mg$。例如，人造地球卫星在地球引力场中的势能便不能用（2.40）式，对于行星在太阳引

100

力场中的势能同样不能用(2.40)式。

在一般情况下,引力势能的公式为

$$U = -\frac{GMm}{r} \qquad (2.41)$$

其中 $G$ 为万有引力常数,$r$ 是质量 $m$ 的小天体距质量 $M$ 的中心天体的距离。公式中负号的意义是:两个天体相距无穷远时,引力势能有最大值,且为零。当小天体在引力作用下接近中心天体时,引力做功,势能减小,因而势能的值小于零而为负。这里所说的两个天体相距为无穷远,即是说,小天体距中心天体相当远,以至中心天体对小天体的引力趋近于零。换句话说,小天体在中心天体的引力场外。

应用功能原理,引力势能公式(2.41)可作如下证明:

首先计算在中心天体的引力作用下,小天体从 $r_0$ 运动到 $r$ 处,引力所做的功。在 $r_0 r$ 这一长段路程上引力不是常量,将 $r_0 r$ 这一路程分成 $n$ 段,使每段路程均为 $\Delta r$,且使 $\Delta r \ll r_0$,$\Delta r \ll r$,如图 2 - 9 所示。

在 $r_0 r_1$ 这一段中,小天体所受到的引力 $f_1$,其大小可表为

$$\frac{GMm}{r_0{}^2} < f_1 < \frac{GMm}{r_1{}^2}$$

由于 $\Delta r$ 充分地小,可认为在 $\Delta r$ 内引力 $f_1$ 是不变的,可表为

$$f_1 = \frac{GMm}{r_0 r_1}$$

图 2 - 9

101

在中心天体的引力作用下,小天体从 $r_0$ 移动到 $r_1$,引力所做的功为

$$W_1 = f_1 \Delta r = \frac{GMm}{r_0 r_1}(r_0 - r_1)$$

但

$$\frac{1}{r_0 r_1}(r_0 - r_1) = \frac{1}{r_1} - \frac{1}{r_0}$$

所以

$$W_1 = GMm(\frac{1}{r_1} - \frac{1}{r_0})$$

同理,小天体从 $r_1$ 移动到 $r_2$ 引力所做的功为

$$W_2 = GMm(\frac{1}{r_2} - \frac{1}{r_1})$$

依此类推,

$$W_3 = GMm(\frac{1}{r_3} - \frac{1}{r_2})$$

$$\vdots$$

$$W_{n-1} = GMm(\frac{1}{r_{n-1}} - \frac{1}{r_{n-2}})$$

$$W_n = GMm(\frac{1}{r_n} - \frac{1}{r_{n-1}})$$

可见,天体 $m$ 从 $r_0$ 到 $r$,引力对它所做的功为

$$W = \sum_{i=1}^{n} W_i = GMm(\frac{1}{r} - \frac{1}{r_0}) \tag{2.42}$$

根据功能原理,引力做功等于势能的减小,则

$$W = -(U_r - U_{r0}) \tag{2.43}$$

$U_r$ 为小天体在 $r$ 处的引力势能,$U_{r0}$ 为在 $r_0$ 处的引力势能,负号表示引力做功,势能减小。

由式(2.42)、(2.43)则知

$$\frac{GMm}{r} - \frac{GMm}{r_0} = -U_r + U_{r0}$$

取在无穷远处势能为零,即 $r_0 \to \infty$ 时, $U_{r0} = 0$ ,则得在 $r$ 处的引力势能公式

$$U_r = -\frac{GMm}{r} \qquad (2.44)$$

应用积分法可以很简单地得到上式,参看附录4。

## (三)机械能守恒定律

能量守恒和转化定律是自然界最基本的规律之一。对于天体的机械运动(位置随时间而改变),我们可写出机械能守恒定律,表为

$$K + U = E \qquad (2.45)$$

其中 $K$ 为天体运动的动能, $U$ 为天体在引力场中的势能, $E$ 为天体的总机械能。在可以忽略机械能与其他形式的能量之间的转化时,总机械能保持常量。其中动能和势能是可以相互转化的,但总机械能不变。

将式(2.39)、(2.44)代入式(2.45),则得机械能守恒定律的公式

$$\frac{1}{2}mv^2 - \frac{GMm}{r} = E \qquad (2.46)$$

总机械能 $E$ 为常量。当天体分别沿椭圆轨道、抛物线轨道、双曲线轨道运行时, $E$ 的值是不同的。在下一节我们将求出不同轨道

103

的不同的 $E$ 值,从而求得天体沿不同轨道运行时的能量方程。

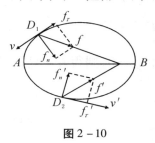

图 2 - 10

根据引力做功情况,不难理解天体沿椭圆轨道运行时,动能和势能的相互转化过程。如图 2 - 10 所示,行星由点 $D_1$ 向远日点 $A$ 运行时,在点 $D_1$ 将引力 $f$ 分解为垂直于速度方向的力 $f_n$ 和平行于速度方向的力 $f_\tau$。显然 $f_n$ 不做功,$f_\tau$ 做负功,则知由 $D_1$ 到点 $A$ 的过程中,动能减少,势能增加;在远日点 $A$,行星的动能最小,势能最大。

行星由点 $D_2$ 向近日点 $B$ 运行时,在点 $D_2$ 将引力 $f'$ 分解为垂直于速度方向的力 $f_n'$ 和平行于速度方向的力 $f_\tau'$。显然 $f_n'$ 不做功,$f_\tau'$ 做正功,则知由点 $D_2$ 到点 $B$ 的过程中,动能增加,势能减少;在近日点 $B$,行星的动能最大,势能最小。引力的一个分量 $f_\tau'$ 做功的过程,即为动能和势能相互转化的过程。上述情况与开普勒行星运动第二定律所描述的情况是一致的。

## 五、天体运行的能量方程

### (一)椭圆轨道的能量方程

应用椭圆的切线坐标方程,可以得到天体沿椭圆轨道运行的能量方程,由(1.15)式知

$$\frac{1}{r^2 \sin^2 \alpha} = \frac{1}{p}\left(\frac{2}{r} - \frac{1}{a}\right)$$

将面积速度公式 $B = \frac{1}{2}rv\sin\alpha$ 代入上式得

$$v^2 = \frac{4B^2}{p}(\frac{2}{r} - \frac{1}{a})$$

将式(2.34) $\frac{4B^2}{p} = GM$ 代入上式得

$$v_2 = GM(\frac{2}{r} - \frac{1}{a}) \tag{2.47}$$

上式便是天体沿椭圆轨道运行的动能公式,将上式代入机械能守恒定律的公式(2.46)

$$\frac{1}{2}mv_2 - \frac{GMm}{r} = E$$

则得 $$E = -\frac{GMm}{2a} \tag{2.48}$$

于是便得到天体沿椭圆轨道运行的能量方程为

$$\frac{1}{2}mv^2 - \frac{GMm}{r} = -\frac{GMm}{2a} \tag{2.49}$$

（二）抛物线轨道的能量方程

应用抛物线的切线坐标方程,可以得到天体沿抛物线轨道运行的能量方程,由(1.17)式知

$$\frac{1}{r^2\sin^2\alpha} = \frac{2}{pr}$$

将面积速度公式 $B = \frac{1}{2}rv\sin\alpha$ 代入上式得

$$v^2 = \frac{4B^2}{p} \cdot \frac{2}{r}$$

将式(2.34)$\dfrac{4B^2}{p} = GM$ 代入上式得

$$v^2 = \dfrac{2GM}{r} \qquad (2.50)$$

上式便是天体沿抛物线轨道运行的动能公式,将上式代入机械能守恒定律的公式(2.46)

$$\dfrac{1}{2}mv^2 - \dfrac{GMm}{r} = E$$

则得 $\qquad\qquad\qquad\qquad E = 0 \qquad\qquad\qquad (2.51)$

于是便得到天体沿抛物线轨道运行的能量方程为

$$\dfrac{1}{2}mv^2 - \dfrac{GMm}{r} = 0 \qquad (2.52)$$

### (三)双曲线轨道的能量方程

应用双曲线的切线坐标方程,可以得到天体沿双曲线轨道运行的能量方程,由(1.20)式知

$$\dfrac{1}{r^2\sin^2\alpha} = \dfrac{1}{p}\left(\dfrac{2}{r} + \dfrac{1}{a}\right)$$

将面积速度公式 $B = \dfrac{1}{2}rv\sin\alpha$ 代入上式得

$$v^2 = \dfrac{4B^2}{p}\left(\dfrac{2}{r} + \dfrac{1}{a}\right)$$

将式(2.34)$\dfrac{4B^2}{p} = GM$ 代入上式得

$$v^2 = GM\left(\dfrac{2}{r} + \dfrac{1}{a}\right) \qquad (2.53)$$

上式便是天体沿双曲线轨道运行的动能公式,将上式代入机械能
守恒定律的公式(2.46)

$$\frac{1}{2}mv^2 - \frac{GMm}{r} = E$$

则得
$$E = \frac{GMm}{2a} \qquad (2.54)$$

于是便得到天体沿双曲线轨道运行的能量方程为

$$\frac{1}{2}mv^2 - \frac{GMm}{r} = \frac{GMm}{2a} \qquad (2.55)$$

（四）圆锥曲线轨道统一的能量方程

应用圆锥曲线统一的切线坐标方程,可以得到天体沿圆锥曲
线轨道运行时的统一的能量方程。由(1.21)式知

$$\frac{1}{r^2\sin^2\alpha} = \frac{1}{p}\left(\frac{2}{r} + \frac{e^2-1}{p}\right)$$

将面积速度公式 $B = \frac{1}{2}rv\sin\alpha$ 代入上式得

$$v^2 = \frac{4B^2}{p}\left(\frac{2}{r} + \frac{e^2-1}{p}\right)$$

将式(2.34) $\frac{4B^2}{p} = GM$ 代入上式得

$$v^2 = GM\left(\frac{2}{r} + \frac{e^2-1}{p}\right) \qquad (2.56)$$

上式便是天体沿圆锥曲线轨道运行时的统一的动能公式。

①当 $e<1$ 时, $e = \frac{c}{a}$ ,且 $a^2 - c^2 = b^2$ , $p = \frac{b^2}{a}$ ,代入(2.56)式,便

107

得到天体沿椭圆轨道运行的动能公式(2.47);

②当 $e = 1$ 时,代入(2.56)式便得到天体沿抛物线轨道运行的动能公式(2.50);

③当 $e > 1$ 时,$e = \dfrac{c}{a}$,且 $c^2 - a^2 = b^2$,$p = \dfrac{b^2}{a}$,代入(2.56)式,便得到天体沿双曲线轨道运行的动能公式(2.53)。

将(2.56)式代入机械能守恒定律

$$\frac{1}{2}mv^2 - \frac{GMm}{r} = E$$

则得
$$E = \frac{GMm(e^2 - 1)}{2p} \qquad (2.57)$$

便得到天体沿圆锥曲线轨道运行时,统一的能量方程

$$\frac{1}{2}mv^2 - \frac{GMm}{r} = \frac{GMm(e^2 - 1)}{2p} \qquad (2.58)$$

①当 $e < 1$ 时,由(2.58)式便得到天体沿椭圆轨道运行的能量方程(2.49);

②当 $e = 1$ 时,由(2.58)式便得到天体沿抛物线轨道运行的能量方程(2.52);

③当 $e > 1$ 时,由(2.58)式便得到天体沿双曲线轨道运行的能量方程(2.55)。

➤ ➤ ➤ ➤ ➤

　　我们千万年来在地球表面的活动，从地球表面来研究自然，创造了进入行星际空间的条件；那么即将到来的星际航行时代，人在太阳系中研究自然，一定会给科学技术带来一个全新的境界，使科学技术达到以前不能达到的水平，使宇宙航行能够变为现实。因此星际航行会给宇宙航行开辟道路！

——钱学森（见《星际航行概论》）

## 第一、第二、第三章　结　构

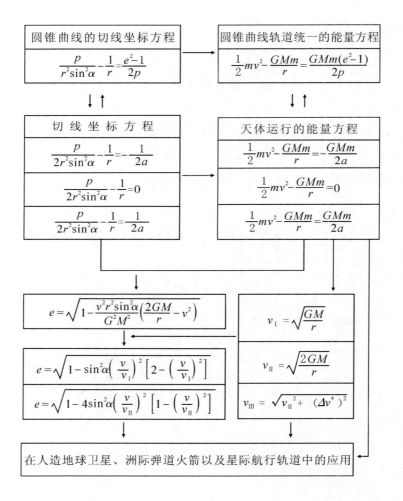

# 第三章　人造卫星和航天

本章将在前面两章的基础上,讨论人造卫星和航天的一些问题。我们应用天体运行的能量方程,求出三个宇宙速度。应用能量方程得到天体运行的离心率公式,用以讨论发射人造天体的运行轨道,并对人造地球卫星、洲际弹道火箭以及航天的轨道问题作初步介绍。

本章的简要结构如下:

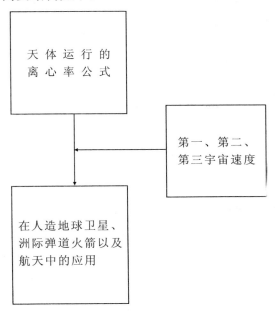

# 一、第一、第二、第三宇宙速度

## （一）第一宇宙速度——环绕地球的速度

在离地球中心距离为 $r$ 的地方,发射一颗人造地球卫星,使之做圆周运动(见图 3 - 1)。

由第一章的第一点内容知,圆是椭圆的特殊情况,即圆是 $e = 0$ 的椭圆。这时有 $r = a$,$a$ 为椭圆的长半轴。根据椭圆轨道的能量方程(2.49),则有

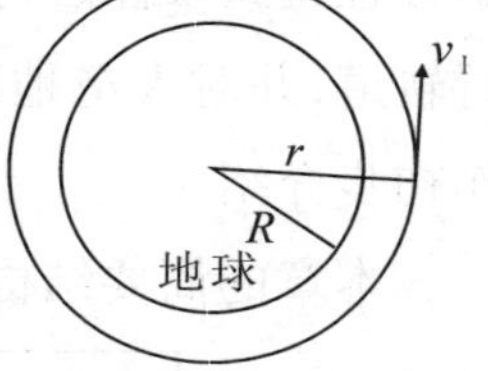

$$\frac{1}{2}mv^2 - \frac{GMm}{r} = -\frac{GMm}{2r}$$

图 3 - 1

所以

$$v^2 = \frac{GM}{r}$$

即求得发射一颗人造地球卫星,使之做圆轨道运行的发射速度 $v_{\mathrm{I}}$ 为

$$v_{\mathrm{I}} = \sqrt{\frac{GM}{r}} \qquad (3.1)$$

这便是计算第一宇宙速度的公式,即人造卫星环绕地球的速度公式。若在接近地面不远的地方发射人造卫星,则有 $r \approx R$($R$ 为地球半径),$R = 6\ 350$ 千米,这时可求得第一宇宙速度为

$$v_1 = 7.91\ 千米/秒$$

由(3.1)式可知,离地球中心的距离 $r$ 越大,则所需要的环绕

速度 $v_I$ 便越小。例如,月球是地球的卫星,月球离地球中心的距离 $r = 384\,000$ 千米,约为地球半径的 60 倍,因而月球环绕地球的速度很小, $v_I = 1.03$ 千米/秒。换句话说,在离地球距离 $r = 384\,000$ 千米的地方,发射一颗人造地球卫星,发射速度只需 1.03 千米/秒,即可让其环绕地球做圆周运动。注意,这里 $v_I$ 的发射方向必须垂直于 $r$,详细的讨论见本章第二和第三点内容。

## (二)第二宇宙速度——飞出地球的速度

在离地球中心距离为 $r$ 的地方,发射一颗人造天体使之脱离地球(如图 3 - 2)。应用椭圆轨道的能量方程(2.49),使 $a \to \infty$,即使长半轴 $a$ 变为无穷大,这时人造天体即能飞出地球。由能量方程得知

$$\frac{1}{2}mv^2 - \frac{GMm}{r} = 0$$

很明显,这恰恰是天体沿抛物线轨道运行的能量方程(2.52)。可知

$$v^2 = \frac{2GM}{r}$$

即求得发射一颗人造天体使之飞出地球的脱离速度

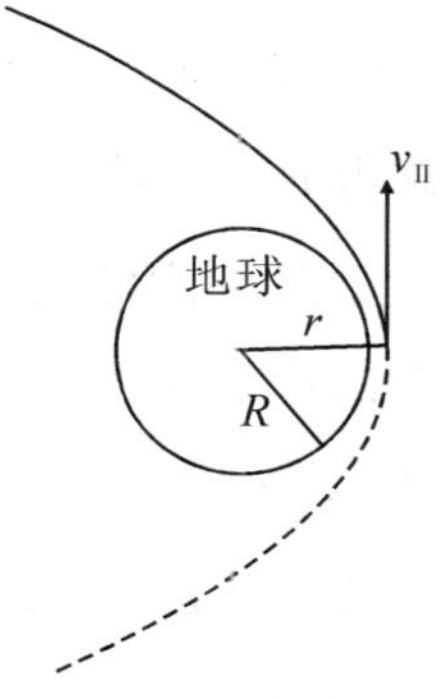

图 3 - 2

$$v_{II} = \sqrt{\frac{2GM}{r}} \qquad\qquad (3.2)$$

这便是计算第二宇宙速度的公式,即飞出地球的脱离速度的公式。若在接近地面不远的地方发射,即 $r \approx R$($R$ 为地球半径),

这时可求得第二宇宙速度为

$$v_{\text{II}} = 11.18\ 千米/秒$$

由公式（3.1）和（3.2）可知，第二宇宙速度为第一宇宙速度的 $\sqrt{2}$ 倍，即

$$v_{\text{II}} = \sqrt{2}\,v_{\text{I}}$$

### （三）第三宇宙速度——飞出太阳系的速度

在地球上发射一支航宇飞船飞出太阳系，根据第二宇宙速度的公式（3.2），可求得脱离太阳系的速度

$$v_{\text{II}}{}^{*} = \sqrt{\frac{2GM_{日}}{r_{日}}}$$

其中 $M_{日}$ 表示太阳的质量，$r_{日}$ 表示地球到太阳中心的距离，计算求得 $v_{\text{II}}{}^{*} = 42$ 千米/秒。

但是，因为地球本身就以 $v_{\text{I}}{}^{*} = 30$ 千米/秒的速度环绕太阳在运行着，因而，如果沿地球环绕太阳公转的方向上发射宇宙飞船，那么，宇宙飞船相对于地球的发射速度只需 $\Delta v^{*} = v_{\text{II}}{}^{*} - v_{\text{I}}{}^{*}$，即 $\Delta v^{*} = 12$ 千米/秒就能相对于太阳具有 $v_{\text{II}}{}^{*}$ 的速度，即可飞出太阳系。

然而，这个从地球起飞的航宇飞船首先得克服地球的引力。只有在克服了地球的引力后，还具有 $\Delta v^{*}$ 的速度又才可以进而克服太阳的引力。但是，脱离地球的速度，即第二宇宙速度为 $v_{\text{II}} = 11.18$ 千米/秒，因而欲克服地球的引力所需要的能量为 $\frac{1}{2}mv_{\text{II}}{}^{2}$。

综上所述可知,在地球上沿地球公转运动的方向上发射一支宇宙飞船,只要具有一定的能量,即可飞出太阳系。这个能量可根据能量关系求出。设飞出太阳系的速度为 $v_{\text{Ⅲ}}$ ,则

$$\frac{1}{2}mv_{\text{Ⅲ}}{}^2 = \frac{1}{2}mv_{\text{Ⅱ}}{}^2 + \frac{1}{2}m(\Delta v^*)^2$$

所以

$$v_{\text{Ⅲ}}{}^2 = v_{\text{Ⅱ}}{}^2 + (\Delta v^*)^2$$

即

$$v_{\text{Ⅲ}} = \sqrt{v_{\text{Ⅱ}}{}^2 + (\Delta v^*)^2} \tag{3.4}$$

即　$v_{\text{Ⅲ}} = \sqrt{11.18^2 + 12^2} = 16.63(千米/秒)$

这便是第三宇宙速度。(3.4)式即是计算第三宇宙速度的公式。图3-3用几何方法表示出了(3.4)式。

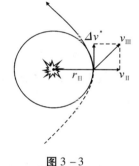

图3-3

## 二、离心率公式及其讨论

### (一)椭圆轨道的离心率公式

由(1.15)式知天体沿椭圆轨道运行的切线坐标方程,而对于椭圆 $p = \dfrac{b^2}{a} = a(1-e^2)$ ,则有

$$\frac{a(1-e^2)}{2r^2\sin^2\alpha} - \frac{1}{r} = -\frac{1}{2a} \tag{3.5}$$

由(2.49)式知天体沿椭圆轨道运行的能量方程为

$$\frac{1}{2}mv^2 - \frac{GMm}{r} = -\frac{GMm}{2a} \tag{3.6}$$

115

以 $GMm$ 乘以(3.5)式的两边,则得

$$\frac{GMma(1-e^2)}{2r^2\sin^2\alpha} - \frac{GMm}{r} = -\frac{GMm}{2a} \qquad (3.7)$$

将(3.6)式与(3.7)式相比较,则得

$$\frac{1}{2}mv^2 = \frac{GMma(1-e^2)}{2r^2\sin^2\alpha} \qquad (3.8)$$

则得

$$e = \sqrt{1 - \frac{v^2r^2\sin^2\alpha}{GMa}} \qquad (3.9)$$

由式(3.6)可知

$$a = \frac{GM}{\dfrac{2GM}{r} - v^2} \qquad (3.10)$$

将式(3.10)代入式(3.9),则得出离心率公式

$$e = \sqrt{1 - \frac{v^2r^2\sin^2\alpha}{G^2M^2}\left(\frac{2GM}{r} - v^2\right)} \qquad (3.11)$$

## (二)双曲线轨道的离心率公式

由(1.20)式知天体沿双曲线轨道运行的切线坐标方程,而对于双曲线

$$p = \frac{b^2}{a} = \frac{c^2 - a^2}{a} = -a(1-e^2)$$

则得

$$\frac{-a(1-e^2)}{2r^2\sin^2\alpha} - \frac{1}{r} = \frac{1}{2a} \qquad (3.12)$$

由(2.55)式知,天体沿双曲线轨道运行的能量方程为

116

$$\frac{1}{2}mv^2 - \frac{GMm}{r} = \frac{GMm}{2a} \tag{3.13}$$

以 $GMm$ 乘以(3.12)式的两边,则得

$$\frac{-GMma(1-e^2)}{2r^2\sin^2\alpha} - \frac{GMm}{r} = \frac{GMm}{2a} \tag{3.14}$$

将(3.13)式与(3.14)式相比较,则得

$$\frac{1}{2}mv^2 = \frac{-GMma(1-e^2)}{2r^2\sin^2\alpha} \tag{3.15}$$

则得

$$e = \sqrt{1 + \frac{v^2 r^2 \sin^2\alpha}{GMa}} \tag{3.16}$$

由(3.13)式可知

$$a = \frac{GM}{v^2 - \dfrac{2GM}{r}} \tag{3.17}$$

将(3.17)式代入(3.16)式,则得离心率公式

$$e = \sqrt{1 - \frac{v^2 r^2 \sin^2\alpha}{G^2 M^2}\left(\frac{2GM}{r} - v^2\right)} \tag{3.18}$$

## (三)抛物线轨道的离心率公式

公式(3.11)与公式(3.18)完全一样。可见这一公式既适合于椭圆轨道,又适合于双曲线轨道。下面我们证明这一公式也适合于抛物线轨道。对于抛物线,其离心率 $e=1$。

由式(2.52)知,天体沿抛物线轨道运行的能量方程为

$$\frac{1}{2}mv^2 - \frac{GMm}{r} = 0$$

即 $$\frac{2GM}{r} - v^2 = 0 \qquad (3.19)$$

将式(3.19)代入式(3.11)或式(3.18),即得

$$e = 1$$

可见,公式(3.11)或(3.18)完全适合于抛物线轨道。于是,得到适合于圆锥曲线轨道的离心率公式

$$e = \sqrt{1 - \frac{v^2 r^2 \sin^2\alpha}{G^2 M^2}\left(\frac{2GM}{r} - v^2\right)} \qquad (3.20)$$

**(四)圆锥曲线统一的离心率公式**

应用圆锥曲线轨道上天体的统一的能量方程(2.58)式,可得到

$$e = \sqrt{1 - \frac{p}{GM}\left(\frac{2GM}{r} - v^2\right)} \qquad (3.21)$$

将面积速度公式 $B = \frac{1}{2}rv\sin\alpha$,代入(2.34)式 $\frac{4B^2}{p} = GM$,可得

$$p = \frac{v^2 r^2 \sin^2\alpha}{GM} \qquad (3.22)$$

将式(3.22)代入式(3.21),即得天体沿圆锥曲线轨道运行的统一的离心率公式

$$e = \sqrt{1 - \frac{v^2 r^2 \sin^2\alpha}{G^2 M^2}\left(\frac{2GM}{r} - v^2\right)} \qquad (3.20)$$

这与前面分别由轨道方程与能量方程相比较得出的离心率公式完全一样。离心率公式通常是用解微分方程而得到的。我

118

们这里用较为初等的数学方法:求出椭圆、抛物线、双曲线在切线坐标中的轨道方程,再与其能量方程相比较,即可得到离心率公式。

只要知道天体运行在轨道上任一点处,距太阳的距离 $r$、速度 $v$、角度 $\alpha$,即可由公式(3.20)确定这个天体运行轨道的离心率,从而确定这个天体是沿什么轨道运行。

前面我们都是讨论以太阳为引力中心,围绕太阳运行的天体(如行星、彗星等)的运动规律。这些规律对于以地球为引力中心,围绕地球运行的天体(如月球、人造地球卫星等)也完全适用,因为都是受中心天体的万有引力而决定其运动规律。观察与实验完全证实了这一点。

### (五)离心率公式的讨论

在距离地球中心为 $r$ 的地方,以速度 $v$ 和角度 $\alpha$ 发射人造天体,则由(3.20)式便可确定天体运行轨道的离心率 $e$。其中 $\alpha$ 是指矢径与切线之夹角,即矢径与发射天体时的速度方向之夹角。这些轨道可以是圆、椭圆、抛物线或双曲线。

我们已得到天体运行轨道的离心率公式为

$$e = \sqrt{1 - \frac{v^2 r^2 \sin^2 \alpha}{G^2 M^2}\left(\frac{2GM}{r} - v^2\right)} \qquad (3.20)$$

对于从地球上发射人造天体,(3.20)式中的 $M$ 便是指地球的质量。

将第一宇宙速度公式(3.1)代入式(3.20),则得

$$e = \sqrt{1 - \sin^2\alpha \left(\frac{v}{v_I}\right)^2 \left[2 - \left(\frac{v}{v_I}\right)^2\right]} \qquad (3.23)$$

如果沿与矢径 $r$ 垂直的方向发射人造天体,即沿水平方向发射时,$\alpha = 90°$,$\sin \alpha = 1$,则(3.23)式简化为

$$e = \sqrt{\left[\left(\frac{v}{v_I}\right)^2 - 1\right]^2} \qquad (3.24)$$

当 $v > v_I$ 时,$e = \left(\frac{v}{v_I}\right)^2 - 1$

当 $v < v_I$ 时,$e = 1 - \left(\frac{v}{v_I}\right)^2$

将第二宇宙速度公式(3.2)代入式(3.20),则得

$$e = \sqrt{1 - 4\sin^2\alpha \left(\frac{v}{v_{II}}\right)^2 \left[1 - \left(\frac{v}{v_{II}}\right)^2\right]} \qquad (3.25)$$

如果沿与矢径 $r$ 垂直的方向发射人造天体,即沿水平方向发射时,$\alpha = 90°$,$\sin \alpha = 1$,则(3.25)式简化为

$$e = \sqrt{\left[2\left(\frac{v}{v_{II}}\right)^2 - 1\right]^2} \qquad (3.26)$$

当 $\frac{1}{2} \leq \left(\frac{v}{v_{II}}\right)^2 < 1$ 时,$e = 2\left(\frac{v}{v_{II}}\right)^2 - 1$

当 $\left(\frac{v}{v_{II}}\right)^2 \leq \frac{1}{2}$ 时,$e = 1 - 2\left(\frac{v}{v_{II}}\right)^2$

对于发射人造天体的运行轨道,根据离心率公式(3.20),或式(3.23)、(3.25)可讨论如下(见图3-4):

①当发射角 $\alpha = 90°$,则 $\sin \alpha = 1$;又当发射速度 $v$ 等于第一宇宙速度 $v_I$ 时,由(3.23)式可知这时离心率 $e = 0$,人造天体运行的

120

轨道是圆。这个人造天体将成为一个人造地球卫星。

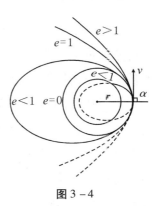

②当发射角 $\alpha = 90°$，则 $\sin \alpha = 1$；又当发射速度 $v$ 小于第二宇宙速度，且大于第一宇宙速度时，由式（3.23）可知 $e < 1$，这时天体运行的轨道是椭圆。在这种情况下，发射点是近地点。这个人造天体也将成为一个人造地球卫星。

图 3 – 4

③当发射角度 $\alpha = 90°$，则 $\sin \alpha = 1$；又当发射速度 $v$ 等于第二宇宙速度时，由（3.25）式可知 $e = 1$，这时天体运行的轨道是抛物线。这个人造天体将脱离地球，而成为一个人造行星。

④当发射角度 $\alpha = 90°$，则 $\sin \alpha = 1$；又当发射速度大于第二宇宙速度时，由（3.25）式可知 $e > 1$，这时天体运行的轨道是双曲线。这个人造天体也将脱离地球，而成为一个人造行星。

⑤当发射角度 $\alpha = 90°$，则 $\sin \alpha = 1$；又当发射速度 $v$ 小于第一宇宙速度时，由式（3.23）可知 $e < 1$，这时发射体的运行轨道仍然是椭圆。这种情况下，发射点是远地点。轨道将有一部分进入地球之内，这表明发射体不能成为一个人造地球卫星。这个发射体可成为一枚洲际弹道火箭。值得一提的是：上述情况恰是物理学上所讲的抛体运动，其轨道是抛物线，而我们这里却讨论得出是椭圆。造成这一差别的原因是，在初步研究抛体运动时，是将物体在运动中所受的引力认为是恒定的 $mg$。如果考虑到高度不同，物体所受的引力是不同的，便可得出其轨道是椭圆——很扁的椭

圆。在接近地面的抛体运动中,由于引力变化很小,其轨道就可以近似地被认为是抛物线。但是当研究洲际弹道火箭的轨道时,则必须考虑为椭圆轨道,因为这时引力的变化已经很明显了。

关于按不同角度 α 发射人造天体的情况,我们会在下一节讨论。从离心率公式的讨论可知,发射人造天体时,其轨道形状决定于发射速度 $v$ 和发射角度 α。理论和实践表明:如果发射速度 $v$ 和发射角度 α 有微小的偏离,都将造成很大的误差。对于人造地球卫星,发射速度每减小 0.03 千米/秒,可使近地点高度减小 100 千米。如果人造地球卫星在地面 500 千米处进入轨道,若发射角度误差 1°,近地点高度将损失 120 千米。再如发射一支飞往月球的飞船,只要发射速度误差 0.001 千米/秒,便会引起离目标 250 千米的偏离。若发射角度误差 1′,便会造成 200 千米的偏离。由此可见,若要发射一个人造天体进入预定轨道,对发射速度和发射角度将有严格的要求,准确度要求相当高,所以为了发射成功,必须进行制导——即控制加导航。

## 三、人造地球卫星的轨道

### (一)发射角 α 与轨道的关系

从上节知道,在离地球中心距离为 $r$ 的地方发射一颗人造地球卫星,当发射速度满足 $v_I < v < v_{II}$ 时,根据离心率公式可知,这颗人造地球卫星运行的轨道是椭圆,离心率 $e < 1$。根据椭圆轨道

的能量方程(2.49)

$$\frac{1}{2}mv^2 - \frac{GMm}{r} = -\frac{GMm}{2a}$$

可以知道,只要 $v$ 和 $r$ 不变,则椭圆轨道的长半轴 $a$ 也就不变,总

机械能 $E = -\frac{GMm}{2a}$ 也不会变。

但是,在相同的发射距离 $r$,以相同的发射速度 $v$,却以不同的发射角度 $\alpha$ 发射一批人造卫星。由椭圆轨道的能量方程可知,这些人造卫星的椭圆轨道的长半轴 $a$ 都相等。根据离心率公式(3.20)可知,这些人造卫星的椭圆轨道的离心率 $e$ 是不同的。只有当 $\alpha = 90°$ 时,即沿与 $r$ 垂直的方向发射时,$\sin \alpha = 1$,这时椭圆轨道的离心率才为最小(见图 3 - 5)。

从多级火箭的末级中发射出人造卫星时,一般都是沿与 $r$ 垂直的方向,即水平方向发射,使发射角 $\alpha = 90°$。为什么要这样发射呢? 因为发射人造卫星必须尽可能增大近地点的距离。如果近地点的距离 $r_{近}$ 太小了,例如 $r_{近} - R < 200$ 千米($R$ 为地球半径),则人造卫星就会因在大气中受到剧烈地摩擦而烧毁。

从图 3 - 6 可知

$$r_{近} = a - c = a(1 - e)$$

显然,如果要增大 $r_{近}$,必须增大长半轴 $a$ 和减小离心率 $e$。由椭圆轨道的能量方程得知,要增大 $a$,就必须增大发射速度 $v$;由离心率公式(3.20)得知,要减小 $e$,就必须使发射角度 $\alpha = 90°$。这便是发射人造卫星时一般都是沿与 $r$ 垂直的方向,使发射角 $\alpha = 90°$ 的原因。如果发射角 $\alpha$ 偏离 $90°$ 过大,则发射体将不可能成为一颗环

123

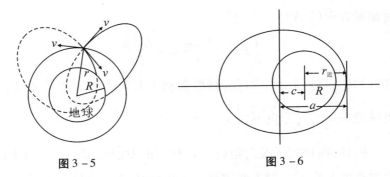

图 3-5                          图 3-6

绕地球的人造卫星,其椭圆轨道有一部分将进入地球之内(如
图 3-5 所示)。

## (二)人造地球卫星轨道参数的计算

只要我们知道发射人造地球卫星时,离地心的距离 $r$,发射速
度 $v$ 和发射角度 $\alpha$,由能量方程和离心率公式,即可求出这颗人造
地球卫星的椭圆轨道的长半轴 $a$、离心率 $e$、短半轴 $b$,以及运行一
周的时间——周期 $T$。

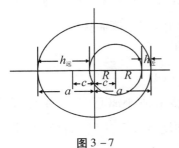

但是,当人造地球卫星已经在运
行时,实际上有更简单的方法来确定
这些轨道参数。近地点高度 $h_{近}$ 和远
地点高度 $h_{远}$,是容易用电子学方法确
定的。且地球半径 $R$ 为已知。只要知
道了 $h_{近}$,$h_{远}$ 和 $R$,即可计算人造地球

图 3-7

卫星的椭圆轨道的几个参数 $a,c,e,b$ 及周期 $T$ 和发射速度 $v$。

①求长半轴 $a$

由图 3 - 7 知

$$a - c = R + h_{近} \tag{3.27}$$

$$a + c = R + h_{远} \tag{3.28}$$

(3.27)式加上(3.28)式,即得出

$$a = R + \frac{h_{近} + h_{远}}{2} \tag{3.29}$$

②求 $c$

(3.28)式减(3.27)式,即得出

$$c = \frac{h_{远} - h_{近}}{2} \tag{3.30}$$

③求离心率 $e$

根据定义
$$e = \frac{c}{a}$$

将式(3.29)、(3.30)代入即得

$$e = \frac{h_{远} - h_{近}}{2R + h_{远} + h_{近}} \tag{3.31}$$

④求短半轴 $b$

对于椭圆 $b^2 = a^2 - c^2$,将式(3.29)、(3.30)代入得

$$b^2 = \left( R + \frac{h_{近} + h_{远}}{2} \right)^2 - \left( \frac{h_{远} - h_{近}}{2} \right)^2$$

所以
$$b = \sqrt{( R + h_{近} )( R + h_{远} )} \tag{3.32}$$

⑤求周期 $T$

根据开普勒第三定律,由式(2.35)知

$$\frac{T^2}{a^3} = \frac{4\pi^2}{GM}$$

则
$$T = \frac{2\pi a^{3/2}}{\sqrt{GM}} \qquad (3.33)$$

由（2.20）式知
$$GM = gR^2 \qquad (3.34)$$

将式（3.29）、（3.34）代入式（3.33）得

$$T = \frac{2\pi}{\sqrt{gR^2}}\left(R + \frac{h_{近} + h_{远}}{2}\right)^{3/2} = 2\pi\sqrt{\frac{R}{g}}\left(1 + \frac{h_{近} + h_{远}}{2R}\right)^{3/2}$$

$$(3.35)$$

对地球，重力加速度 $g = 9.80$ 米/秒，地球的半径 $R = 6\,350\,000$ 米，代入（3.35）式则得出计算周期的公式

$$T = 84.5\left(1 + \frac{h_{近} + h_{远}}{2R}\right)^{3/2}（分） \qquad (3.36)$$

上式得出的周期 $T$ 的单位为分钟。

⑥求发射速度 $v$。

由（3.8）式可知

$$v^2 = \frac{GMa(1 - e^2)}{r^2\sin^2\alpha} \qquad (3.37)$$

这是计算椭圆轨道任一点的速度的一般公式。在发射人造卫星时，都是沿与 $r$ 垂直的方向，即 $\alpha = 90°$，$\sin\alpha = 1$，且使发射点为近地点。

由图 3-8 知

$$r_{近} = R + h_{近}$$

则由式（3.37）可得

126

$$v = \frac{\sqrt{GM} \cdot \sqrt{a(1-e^2)}}{R+h_{近}} \quad (3.38)$$

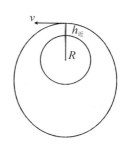

图 3-8

在米・千克・秒制中

$$G = 6.67 \times 10^{-11} \left[ (牛顿・米^2)/千克^2 \right]$$

地球的质量由第二章可知

$$M = 5.9768 \times 10^{24} 千克$$

代入(3.38)式则得出计算发射速度的公式

$$v = 1.997 \times 10^7 \times \frac{\sqrt{a(1-e^2)}}{R+h_{近}} (米/秒) \quad (3.39)$$

上式得出的速度的单位为米/秒。

考虑到近地点的速度即为人造卫星的发射速度,则可由开普勒第二定律计算发射速度,由(2.4)式可知

$$\frac{1}{2} r_{近} v = \frac{\pi a b}{T}$$

则

$$v = \frac{2\pi a b}{r_{近} T} \quad (3.40)$$

(3.39)式与(3.40)式是一致的。

## (三)中国第一颗人造地球卫星

1970 年 4 月 24 日,中国成功地发射了第一颗人造地球卫星。《新闻公报》给出:"卫星运行轨道,距地球最近点 439 公里,最远点 2 384 公里。"下面,试由此数据计算中国第一颗人造地球卫星的轨道参数 $a$, $c$, $e$, $b$,以及周期 $T$ 和发射速度 $v$(地球半径 $R = 6\ 350$ 千米)。

①由公式(3.29)

$$a = R + \frac{h_{近} + h_{远}}{2}$$

所以
$$a = 6\,350 + \frac{439 + 2\,384}{2} = 7\,761.5(千米)$$

②由公式(3.30)

$$c = \frac{h_{远} - h_{近}}{2}$$

所以
$$c = \frac{2\,384 - 439}{2} = 972.5(千米)$$

③由公式(3.31)(或由 $e = \frac{c}{a}$ )

$$e = \frac{h_{远} - h_{近}}{2R + h_{近} + h_{远}}$$

所以
$$e = \frac{2\,384 - 439}{2 \times 6\,350 + 2\,384 + 439} = 0.125$$

④由公式(3.32)(或由 $b = \sqrt{a^2 - c^2}$ )

$$b = \sqrt{(R + h_{远})(R + h_{近})}$$

所以
$$b = \sqrt{(6\,350 + 2\,384)(6\,350 + 439)} = 7\,700(千米)$$

⑤由公式(3.36)

$$T = 84.5\left(1 + \frac{h_{近} + h_{远}}{2R}\right)^{3/2}$$

所以
$$T = 84.5 \times \left(1 + \frac{439 + 2\,384}{2 \times 6\,350}\right)^{3/2} = 114(分)$$

这里由公式计算出来的 $T$ 与《新闻公报》上公布的数值是一

128

致的。

⑥由公式(3.39)

$$v = 1.997 \times 10^7 \times \frac{\sqrt{a(1-e^2)}}{R+h_{近}}$$

所以    $v = 1.997 \times 10^7 \times \dfrac{\sqrt{7\,761.5 \times (1-0.125^2) \times 10^3}}{(6\,350+439) \times 10^3}$

$= 8\,100(米/秒) = 8.1(千米/秒)$

由公式(3.40)同样可求出发射速度 $v$

$$v = \frac{2\pi ab}{r_{近}T}$$

所以    $v = \dfrac{2 \times 3.141\,6 \times 7\,761.5 \times 10^3 \times 7\,700 \times 10^3}{(6\,350+439) \times 10^3 \times 114 \times 60}$

$= 8\,100(米/秒) = 8.1(千米/秒)$

从表2可以看出,中国第一颗人造地球卫星,在重量上超过了苏联、美国、法国、日本四国第一颗人造地球卫星重量的总和,而且轨道平面与赤道平面的倾角比四国的都大。在研制速度上比苏联、美国等国都要快。从成功地爆炸第一颗原子弹到成功地发射第一颗人造卫星,苏联花了8年,美国用了12年,中国仅用了5年。不仅卫星的全部设备是中国自制的,而且是首次发射,一举成功。这充分说明,中国的科学技术尽管目前还是较落后的,但完全可能以较快的速度赶上和超过世界先进水平。

力学与航天

表 2　中国第一颗人造地球卫星与苏联、美国、法国、日本
第一颗人造地球卫星的数据对比

| 国别 | 名称 | 重量/千克 | 近地点/千米 | 远地点/千米 | 运行周期/分钟 | 轨道平面与赤道平面倾角 |
|------|------|----------|------------|------------|--------------|------------------------|
| 中国 | 中第一颗人造地球卫星 | 173 | 439 | 2 384 | 114 | 68. 5° |
| 苏联 | 斯普特尼克—1 号 | 83. 6 | 228. 5 | 946. 1 | 96. 17 | 65° |
| 美国 | 探险者—1 号 | 8. 22 | 360. 4 | 2 531. 4 | 114. 80 | 33. 34° |
| 法国 | A—1 号 | 38 | 526. 24 | 1 808. 85 | 108. 61 | 34. 24° |
| 日本 | 大隅号 | 9. 4 | 351 | 5 142 | 144. 36 | 31. 18° |

## 四、洲际弹道火箭的轨道

### (一)洲际弹道火箭的轨道参数

从第三章第二点内容中的离心率公式的讨论中已知道,如果沿水平方向,即 $\alpha = 90°$,以速度 $v$ 发射一火箭,且 $v < v_I$,这时火箭将不能围绕地球运行。其轨道由离心率公式可知仍为一椭圆,但椭圆轨道有一部分在地球之内,这时火箭就可成为一枚洲际弹道火箭。

一般来说,在地面以速度 $v (v < v_{II})$,以角度 $\alpha (\alpha \neq 0°)$,发射一枚火箭,这时发射点距地心的距离 $r$ 为地球半径 $R$,发射方向与水平方向的夹角则为 $90° - \alpha$(见图 3 – 9)。我们假定地球是球对称的,且忽略地球自转的影响和空气的阻力。

①求轨道的离心率 $e$

根据公式(3.20)则有

$$e = \sqrt{1 - \frac{v^2 R^2 \sin^2\alpha}{G^2 M^2}\left(\frac{2GM}{R} - v^2\right)}$$

由上式便可求出洲际弹道火箭的轨道的离心率 $e$,这时轨道为一椭圆,$e < 1$。

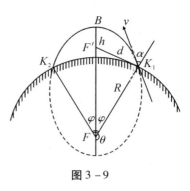

图 3 - 9

②求轨道长半轴 $a$

根据椭圆轨道的动能公式(2.47)

$$v^2 = GM\left(\frac{2}{R} - \frac{1}{a}\right)$$

则得 
$$a = \frac{GMR}{2GM - v^2 R} \qquad (3.41)$$

由上式便可求出轨道的长半轴 $a$。

对于洲际弹道火箭,我们最关心的是弹道高 $h$ 和射程 $L$。当 $v,\alpha$ 已知,则由①、②可知轨道的离心率 $e$ 和长半轴 $a$,从而便可求得 $h$ 和 $L$。

③求弹道高 $h$

由图 3 - 9 可知

$$h = FB - R \qquad FB = a + c$$

即 
$$h = a(1 + e) - R \qquad (3.42)$$

④求射程 $L$。

由图 3 - 9 可知

$$L = \widehat{K_1 K_2} = R \cdot 2\varphi \qquad (3.43)$$

131

由式(1.14)可知

$$1 + e\cos\theta = \left(2 - \frac{R}{a}\right)\sin^2\alpha$$

由椭圆轨道的动能公式(2.47)可知[由公式(3.41)也可知]

$$\frac{R}{a} = 2 - \frac{v^2 R}{GM}$$

由上两式可知

$$\cos\theta = \frac{1}{e}\left(\frac{v^2 R}{GM}\sin^2\alpha - 1\right) \tag{3.44}$$

而 $\quad \sin\varphi = \sin(180° - \theta) = \sin\theta = \sqrt{1 - \cos^2\theta}$

所以 $\quad \sin\varphi = \sqrt{1 - \frac{1}{e^2}\left(\frac{v^2 R}{GM}\sin^2\alpha - 1\right)^2}$

即 $\quad \sin\varphi = \frac{1}{e}\sqrt{e^2 - \left(\frac{v^2 R}{GM}\sin^2\alpha - 1\right)^2}$

将离心率公式(3.20)代入上式的根号内,化简即得

$$\sin\varphi = \frac{1}{e} \cdot \frac{v^2 R}{2GM}\sin 2\alpha \tag{3.45}$$

将式(3.45)代入式(3.43),则得射程公式

$$L = 2R\arcsin\left(\frac{1}{e} \cdot \frac{v^2 R}{2GM}\sin 2\alpha\right) \tag{3.46}$$

由式(3.2)知 $v_{\text{II}} = \sqrt{\frac{2GM}{R}}$,则射程公式也可表为

$$L = 2R \cdot \arcsin\left[\frac{1}{e}\left(\frac{v}{v_{\text{II}}}\right)^2\sin 2\alpha\right] \tag{3.47}$$

（二）最小能量轨道

上面的推导表明,已知洲际弹道火箭发射时的速度 $v$ 和角度 $\alpha$,便可知其轨道的 $e,a,h,L$。但还需要解决这样一个有意义的问题:发射一枚洲际弹道火箭,要从 $K_1$ 点出发击中 $K_2$ 点,应取一条什么样的弹道使之所用能量最小? 换句问,以什么速度 $v_0$ 和什么角度 $\alpha_0$ 发射一枚洲际弹道火箭,能从 $K_1$ 点出发击中 $K_2$ 点,且使所用能量最小?

① 求最小能量轨道的长半轴 $a_0$

根据椭圆轨道的能量方程（2.49）知

$$\frac{1}{2}mv^2 - \frac{GMm}{R} = -\frac{GMm}{2a}$$

可见,最小能量轨道一定是,通过 $K_1$、$K_2$ 两点的椭圆轨道中,长半轴 $a$ 为最小的轨道,由图 3 – 10 可知

$$a = \frac{R+d}{2} \qquad (3.48)$$

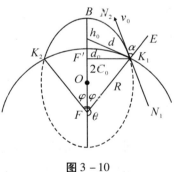

图 3 – 10

欲使 $a$ 最小,即应使 $d$ 为最小。而 $d$ 的最小值 $d_0$ 应是从 $K_1$ 垂直于长半轴的那段距离,见图 3 – 10。如果 $K_1$,$K_2$ 两点已定,则角 $\varphi$ 即为已知,则

$$d_0 = R\sin\varphi$$

代入（3.48）式则得

$$a_0 = \frac{R + d_0}{2} = \frac{R(1 + \sin \varphi)}{2} \qquad (3.49)$$

②求最小能量轨道的离心率 $e$

由图 3 − 10 知 $FF' = 2c_0$

则
$$c_0 = \frac{R\cos \varphi}{2}$$

根据离心率的定义,可知最小能量轨道的离心率为

$$e_0 = \frac{c_0}{a_0} = \frac{\cos \varphi}{1 + \sin \varphi} \qquad (3.50)$$

③求最小能量轨道的弹道高 $h_0$

由图 3 − 10 知

$$h_0 = BF - R$$

而
$$BF = BO + OF = a_0 + c_0$$

将式(3.49)、(3.50)代入上式得

$$BF = \frac{R}{2}(1 + \sin \varphi + \cos \varphi)$$

所以
$$h_0 = \frac{R}{2}(\sin \varphi + \cos \varphi - 1) \qquad (3.51)$$

④求最小能量轨道的发射速度 $v_0$

由椭圆轨道的动能公式(2.47)知

$$v_0^2 = GM\left(\frac{2}{R} - \frac{1}{a_0}\right)$$

将式(3.49)代入上式得

$$v_0^2 = \frac{2GM}{R}\left(1 - \frac{1}{1 + \sin \varphi}\right)$$

134

所以
$$v_0{}^2 = \frac{2GM}{R}\left(\frac{\sin\varphi}{1+\sin\varphi}\right)$$

由（3.2）知 $v_{\text{Ⅱ}} = \sqrt{\dfrac{2GM}{R}}$，则

$$v_0 = v_{\text{Ⅱ}}\sqrt{\frac{\sin\varphi}{1+\sin\varphi}} \qquad (3.52)$$

⑤求最小能量轨道的发射角度 $\alpha_0$

从图3-10中，不难得到

$$\angle F'K_1E = 90° + \varphi$$

$v_0$ 的方向，即在椭圆轨道上 $K_1$ 点的切线方向，根据第一章第三点内容知

$$\angle F'K_1N_2 = \angle FK_1N_1 = \alpha_0$$

则知
$$2\alpha_0 = 90° + \varphi$$

所以
$$\alpha_0 = 45° + \frac{\varphi}{2} \qquad (3.53)$$

# 五、航天的轨道

## （一）飞往月球

航天是指在太阳系内各大行星及其卫星之间的航行。在地球上，最近的航天当然要算飞往月球了。下面对飞往月球的一个椭圆轨道，计算出离心率 $e$，飞行时间 $t$ 和发射速度 $v$。

①若飞船的地面起飞点是轨道的近地点，而达到月球时恰是

135

力学与航天

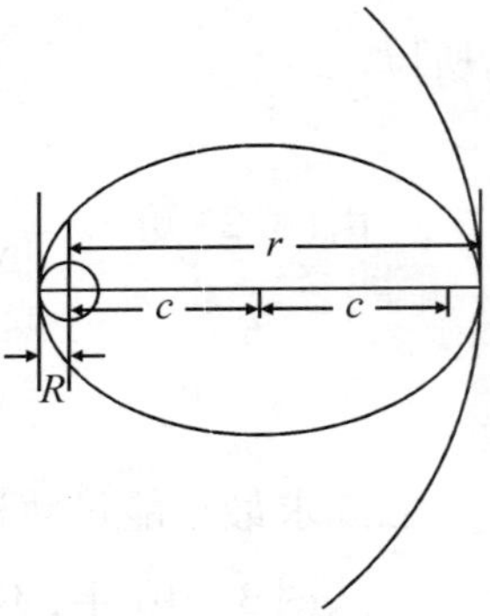

轨道的远地点,这种椭圆轨道见图 3 - 11。对此椭圆轨道有

$$R = a - c$$

$$r = a + c$$

其中 $R$ 为地球半径($R = 6\,350$ 千米),$r$ 为地心到月球的距离($r = 384\,000$ 千米)由上两式可解出

$$a = \frac{r+R}{2} = \frac{384\,000 + 6\,350}{2} = 195\,200(千米)$$

图 3 - 11

$$c = \frac{r-R}{2} = \frac{384\,000 - 6\,350}{2} = 188\,900(千米)$$

则轨道离心率 $e$ 为 $\quad e = \dfrac{c}{a} = \dfrac{188\,900}{195\,200} = 0.97$

②对于飞行时间 $t$,可应用开普勒第三定律计算。月球绕地球的周期 $T_月 = 27.32$ 天,轨道半径为 $r$,这里把月球轨道视为圆轨道。如图 3 - 11 所示的飞船的轨道,是很扁的椭圆轨道,设其周期为 $T$,轨道长半轴为 $a$。由于 $r \gg R$,可取 $a \approx r/2$。由开普勒第三定律可知

$$\frac{T_月^2}{r^3} = \frac{T^2}{a^3}$$

由 $a \approx r/2$,则得

$$T^2 = \frac{T_月^2}{8}$$

所以 $\quad T = \dfrac{T_月}{2\sqrt{2}} = \dfrac{27.32}{2\sqrt{2}} = 9.65(天)$

136

此椭圆轨道的周期是 9.65 天,从地球飞往月球的时间只有一半,即 4.825 天,即 $t = 115.8$ 时。

③发射飞船的速度,即是飞船在此椭圆轨道近地点的速度。根据公式(3.37),考虑到 $\sin \alpha = 1$,则得

$$v^2 = \frac{GMa(1 - e^2)}{R^2} = \frac{GMa(1 - e^2)}{R(a - c)} = \frac{GM(1 + e)}{R}$$

已求出 $e = 0.97$,则

$$v = \sqrt{1.97 \frac{GM}{R}}$$

由式(3.2)知第二宇宙速度 $v_{\mathrm{II}} = \sqrt{\frac{2GM}{R}} = 11.18$ 千米/秒,则可知

$$v = \sqrt{\frac{1.97}{2} v_{\mathrm{II}}^2} = 0.992 v_{\mathrm{II}}$$

所以　　　　　　　　　　$v = 11.1($ 千米/秒$)$

## (二)飞往行星

这里着重介绍从地球飞往太阳系内其他行星的情况。根据观测,在太阳系中的九大行星,都是在以太阳为焦点的椭圆轨道上运行。这些轨道基本上是在一个平面内,且这些椭圆轨道的离心率都很小。例如,金星运行轨道的离心率仅为 0.007;我们居住的地球运行轨道的离心率为 0.017;运行轨道离心率最大的冥王星也不过才 0.249。因此,可以把这九大行星的运行轨道视为圆形轨道。实际上,我们如果在一张大纸上画出地球的椭圆轨道,长半轴 $a$ 画成 1 米,按比例长半轴 $a$ 与短半轴 $b$ 相差还不到 0.14

毫米。可见,我们把地球运行轨道近似地画成圆轨道是允许的。

若我们在离地球中心距离为 $r$ 的地方,发射一只航天飞船,当发射速度满足 $v_{II}<v<v_{III}$ 时,则航天飞船就可脱离地球。但它又不能脱离太阳系,因而,将成为太阳的行星,即人造行星。

如果飞船沿地球公转的方向发射,当飞船脱离地球后,其剩余速度与地球绕日公转的速度方向相同。从太阳上看,这架飞船的速度就比地球公转的速度大些。因而,这架飞船绕日运行的椭圆轨道的长半轴就比地球绕日运行的椭圆轨道的长半轴要大些,如图 3-12 所示。可见,只要在适当的时刻发射航天飞船,就可能在某一时刻与地球的某一外行星(例如火星)相遇。这时再作适当地加速,使飞船的速度与这一外行星的公转速度相等,即可到达这颗外行星上去,完成一次航天飞行,而不致使它成为一颗人造行星。

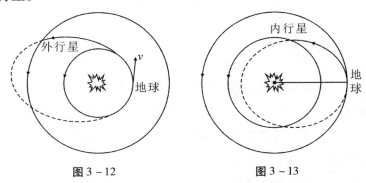

图 3-12　　　　　　　　　图 3-13

如果飞船沿地球公转相反的方向发射,当飞船脱离地球后,其剩余速度与地球绕日公转的速度方向相反。从太阳上看,这架飞船的速度就比地球公转的速度小些。因而,这架飞船绕日运行的椭圆轨道的长半轴就比地球绕日运行的椭圆轨道的长半轴小些,如图 3 - 13 所示。只要在适当的时刻发射这个星际飞船,就可能在某一时刻与地球的某一内行星(例如金星)相遇。这时再作适当地减速,使飞船的速度与这一内行星的公转速度相等,即可到达这个内行星上去,完成一次航天飞行,而不致使它成为一颗人造行星。

### (三)双切轨道

航天的轨道中,有一个使飞船所需能量最小,但飞行时间较长的轨道,称之为"双切轨道"。如果要从地球飞到一颗外行星,例如火星上去,这时星际航行所采用的"双切轨道",即是以地球为近日点,以火星为远日点的椭圆轨道。这个轨道与地球的轨道外切,与火星的轨道内切,如图 3 - 14 所示。"双切轨道"的名称也就是由此而来。

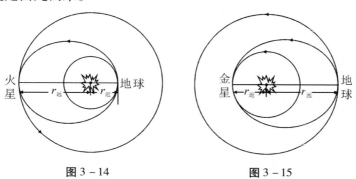

图 3 - 14          图 3 - 15

如果要从地球飞到一颗内行星,例如金星上去,这时星际航行所采用的"双切轨道",即是以地球为远日点,以金星为近日点

的椭圆轨道。这个轨道与地球的轨道内切,与金星的轨道外切,如图 3 - 15 所示。

对于星际航行的"双切轨道",我们很容易利用已知的近日点的距离 $r_近$ 和远日点的距离 $r_远$,计算出"双切轨道"的参量长半轴 $a$、离心率 $e$、短半轴 $b$,以及航行时间 $t$。下面我们以从地球到一外行星(例如火星)为例来计算。

①求长半轴 $a$

由图 3 - 14 可知

$$r_近 = a - c \qquad (3.54)$$

$$r_远 = a + c \qquad (3.55)$$

(3.54)式加(3.55)式得

$$a = \frac{r_近 + r_远}{2} \qquad (3.56)$$

(3.55)式减(3.54)式得

$$c = \frac{r_远 - r_近}{2} \qquad (3.57)$$

②求离心率 $e$

根据离心率定义 $e = \dfrac{c}{a}$

将式(3.56)、(3.57)代入上式得

$$e = \frac{r_远 - r_近}{r_远 + r_近} \qquad (3.58)$$

③求短半轴 $b$

对于椭圆 $b^2 = a^2 - c^2$

则

$$b^2 = \left( \frac{r_近 + r_远}{2} \right)^2 - \left( \frac{r_远 - r_近}{2} \right)^2$$

所以
$$b = \sqrt{r_{近} \, r_{远}} \qquad\qquad (3.59)$$

④求航行时间 $t$

设飞船沿"双切轨道"运行的周期为 $T$。则对于"双切轨道"，从地球飞往另一行星去所用的航行时间 $t$ 恰为周期的一半，即 $t = \dfrac{T}{2}$。

根据开普勒行星运动第三定律(2.6)式可得

$$T^2 = \frac{4\pi^2 a^3}{GM_{日}}$$

其中 $M_{日}$ 表示太阳的质量，$a$ 为"双切轨道"的长半轴，将式 (3.56)代入上式得

$$T = 2\pi \left( \frac{r_{近} + r_{远}}{2} \right)^{3/2} \cdot \frac{1}{\sqrt{GM_{日}}} \qquad\qquad (3.60)$$

为了便于计算，作如下代换，在地球上可知

$$mg = \frac{GMm}{R^2}$$

则
$$G = \frac{gR^2}{M}$$

其中 $M$ 为地球质量，$R$ 为地球半径。将上式中的 $G$ 代入式(3.60) 则得

$$T = 2\pi \left( \frac{r_{近} + r_{远}}{2} \right)^{3/2} \frac{\sqrt{M}}{R \sqrt{gM_{日}}} = 2\pi \sqrt{\frac{R}{g}} \left( \frac{r_{近} + r_{远}}{2R} \right)^{3/2} \sqrt{\frac{M}{M_{日}}}$$

将 $R = 6\,350\,000$ 米，$g = 9.80$ 米/秒代入，则可求得计算航行时间 $t$ 的公式

$$t = \frac{T}{2} = \frac{84.5}{2}\left(\frac{r_{近} + r_{远}}{2R}\right)^{3/2}\sqrt{\frac{M}{M_{日}}}(分) \qquad (3.61)$$

上式中时间 $t$ 的单位为分。

## (四)飞往火星

采用"双切轨道"从地球飞往火星。试计算轨道参数 $a, c, e$, $b$, 以及航天时间 $t$。(参看图 3 - 14)已知地球到太阳之距离 $r_{近} = 1.494\,57 \times 10^8$ 千米; 火星到太阳之距离 $r_{远} = 1.524 r_{近}$, 地球半径 $R = 6\,350$ 千米; 太阳与地球质量之比 $\dfrac{M_{日}}{M} = 332\,488$。

①由公式(3.56)

$$a = \frac{r_{近} + r_{远}}{2}$$

得

$$a = \frac{r_{近}(1 + 1.524)}{2} = \frac{1.494\,57 \times 10^8 \times 2.524}{2}$$

$$= 1.886\,15 \times 10^8 (千米)$$

由式(3.57)

$$c = \frac{r_{远} - r_{近}}{2}$$

得

$$c = \frac{r_{近}(1.524 - 1)}{2} = \frac{1.494\,57 \times 10^8 \times 0.524}{2}$$

$$= 0.391\,577 \times 10^8 (千米)$$

②由公式(3.58)

$$e = \frac{r_{远} - r_{近}}{r_{远} + r_{近}}$$

得
$$e = \frac{r_{近}(1.524 - 1)}{r_{近}(1.524 + 1)} = 0.2076$$

③由公式(3.59)

$$b = \sqrt{r_{近}\, r_{远}}$$

得
$$b = \sqrt{r_{近} \cdot 1.524 \cdot r_{近}} = r_{近}\sqrt{1.524}$$

$$= 1.49457 \times 10^8 \times \sqrt{1.524} = 1.84579 \times 10^8 (千米)$$

④由公式(3.61)

$$t = \frac{84.5}{2}\left(\frac{r_{近} + r_{远}}{2R}\right)^{3/2}\sqrt{\frac{M}{M_{日}}} (分)$$

得
$$t = \frac{84.5}{2}\left[\frac{r_{近}(1 + 1.524)}{2 \times 6350}\right]^{3/2} \cdot \sqrt{\frac{1}{332488}}$$

$$= 370100(分) = 257(天)$$

## (五)高速轨道

航天的轨道当然绝不止"双切轨
道"这一种。很明显,"双切轨道"有
两个缺点:一是航行时间太长,从地
球飞往火星都要 257 天,飞往土星要
1 000 天;二是必须在一定时刻起飞,
才可能在轨道的远日点(或近日点)
到达另一行星上去。因为有这两个
缺点,也就容易造成较大的误差。但

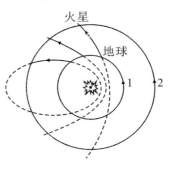

1. 地球的轨道　2. 火星的轨道

图 3 - 16

如果我们采用较高速度的轨道,就可以克服上述两个缺点。这些

高速轨道可以是椭圆轨道,也可以是抛物线轨道或双曲线轨道。如图3-16所示,图上仅画出了从地球飞往火星去的可能的高速轨道。显然,这些轨道的发射速度比"双切轨道"的发射速度大些,航行时间短些,准确度高些,但是在技术上困难较大。

## (六)俘获天体成为"人控天体"

我们从地球发射人造卫星、人造行星、航天飞船,都是使这些人造天体(或称航天器)相对于地球从引力势能较低的位置发射到引力势能较高的位置上去。这需要做许多功,才能获得这样的能量。相反的,我们能否俘获一个自然天体,例如一颗小行星,使它相对于地球从引力势能较高的位置损失一部分能量,到达引力势能较低的位置,使之符合人们的需要而成为一个"人控天体"呢?从力学原理来看这是可能的,但从目前的技术能力看这又是不可能的。火箭、核能、遥测、遥控等技术以及航天的实践正在为实现"人控天体"奠定基础。"人控天体"意味着把太阳系中运行的某些小行星重新安排。一个人控的小月球可能在不远的将来出现于太空之中——这些想法似乎是异想天开。然而,我们只要指出:人造卫星和星际航行过去也被认为是异想天开的事,可是这已成为现实;伟大的诗人屈原"欲上青天揽明月"的愿望,嫦娥奔月的神话,今天已经实现。我们便能相信,科学的幻想和科学的现实之间没有一道不可逾越的鸿沟;人类的进步、生产的发展、科学的飞跃,迟早会在科学的幻想和科学的现实之间架起一座金桥。

学习与研究,既要循序渐进,又要跃迁超越;既要打好基础,又要探索创新——这正如双脚与翅膀的关系。对此,作者送给读者们一首小诗:

## 双脚与翅膀

我不想在背上插一对柔软的翅膀,
飞向蓝天,飞往那遥远的地方。
先得把双脚锻炼得结结实实,
无论到什么地方才站得稳稳当当。

海燕虽然可以在暴风雨中翱翔,
但她还是需要站在海滩、岩石上。
雄鹰在云颠骄傲地展翅高飞,
但空中并不是他安居落脚的地方。

一当双脚健壮,我渴望长出翅膀,
飞往浩瀚的星空,飞进深邃的海洋,
飞入微妙的粒子,飞向迷人的远方……
有了火箭和飞船,航天才不是缥缈幻想。

雄鸡虽然能预言黎明的曙光,
但它不能在时空中追赶太阳。

力学与航天

鲸鱼虽然能在海洋里游来游去，
但它不可能在星际中自由奔放。

我要锻炼出结实的双脚，站立稳当，
这是"根"，这是基础，这是力量。
我也要长出丰满的翅膀，飞向四方，
这是"波"，这是希望，这是理想！

▶▶▶▶

　　我们的太阳系每一瞬间都向宇宙空间放出大量的运动,而且是在质上十分确定的运动:太阳热,即排斥。而我们的地球本身只是由于有太阳热才具有生气,而且自己接着也把所获得的太阳热(在它把这种太阳热的一部分转化为其他运动形式以后)最后同样放射到宇宙空间去。因此,在太阳系中,特别是在地球上,吸引已经大大胜过了排斥。如果没有从太阳放射到我们这里的排斥运动,地球上的一切运动都一定会停止。

——恩格斯(见《自然辩证法》第 134 页)

# 继续探索要目

# 继续探索

## 一、二体问题与多体问题

在目前的讨论中,对行星的运行,只考虑了太阳的引力,可是却忽略了各大行星之间以及行星的卫星对行星的引力;对于人造地球卫星,只考虑了地球的引力,可是却又忽略了月球以及其他天体对人造卫星的引力。换句话说,把"多体问题"变成了"二体问题",而"二体问题"现已完全解决。但当其他天体的引力不可以忽略时,则是"多体问题",这就复杂得多。在人造卫星与星际航行的研究中,现仍在应用"二体问题"作初步研究。其方法就是将"多体问题"转化为若干个"二体问题"。例如,从地球飞往火星的飞船,在地球的引力范围内,只考虑地球的引力,即地球—飞船这样一个"二体问题";在超出地球引力的范围后,就只考虑太阳的引力,即太阳—飞船这样一个"二体问题";在进入火星的引力范围后,就只考虑火星的引力,即火星—飞船这样一个"二体问题"——这样能把一个"多体问题"转化为三个"二体问题"。"多体问题"的理论是建立在"二体问题"的基础上的,显然"二体问题"的研究仍然是十分有意义的。

对于解决"二体问题",牛顿力学有确定性的意义。所谓"确定性",又称"决定性",即是已知天体的初始位置和初始速度,就可求出将来任意时刻天体的位置和速度;亦可求出过去任意时刻天体的位置和速度。力学解完全是确定的,没有随机性。现代力学中,对"三体问题"的研究,发现牛顿力学的确定性已失去绝对意义。因为"三体问题"的解明显地表现出"内在随机性";比"三体"复杂的"多体"问题,其内在随机性就更为突出了。在现代,天体力学已不再是确定论的科学了!牛顿力学必须发展成为能较好地处理因果与机遇的辩证关系的新力学。

## 二、摄 动

人们通过对天体运行的观测,早就发现天体运行的真实轨道与被开普勒行星运动定律所描述、而又被牛顿的万有引力定律所解释的天体的运行规律是有微小差别的。换句话说,天体运行的轨道并不是单纯的、数学的圆锥曲线,而是有所偏离,有所变化。这种偏离、这种变化,统称为"摄动"。

天体运行的摄动一般都很小。这是因为,就行星而言,它所受的引力主要取决于太阳,其他天体的影响并不大。大家已经知道,太阳的质量比行星的质量大得多。例如,太阳的质量比地球的质量大30多万倍,比太阳系内所有行星质量的总和还大700多倍。而人造地球卫星所受的引力,主要取决于地球,其他天体的影响并不大。因为人造地球卫星离地球最近,引力的大小与距离的平方成反比,其他天体的引力可以忽略。所以我们认为,天体运行的轨道仍然是按圆锥曲线轨道运行,只是在不断变化,有微小偏离,简言之有摄动。当然摄动的原因是多种多样的,不仅有其他天体的吸引,还有光压、介质阻尼、天体形状等等因素,这里不作进一步讨论。

摄动有周期性摄动和长期性摄动。周期性的摄动表现在多方面。例如,表现在天体运行的轨道在上下变动,即运行轨道并不是一个平面曲线;又如,表现在天体运行轨道的离心率在时增时减。地球运行轨道的离心率 $e = 0.017$,在 10 万年以后将比现在大 3 倍;在 24 万年以后,该离心率 $e$ 又将减到最小,差不多成了正圆,随后 $e$ 又将增加。土星受木星的摄动,离心率 $e$ 变化于 $0.013 \sim 0.084$ 之间。木星受土星的摄动,离心率 $e$ 变化于 $0.060 \sim 0.026$ 之间。木星运行轨道的离心率 $e$ 最大时,土星的 $e$ 却最小。土星运行轨道的离心率 $e$ 最大时,木星的 $e$ 又变为最小。这个变化的周期为 70 414 年。可以看出,上述的摄动使轨道的一参数在一个平均值上下时增时减,所以称之为周期性摄动。长期性摄动表现在行星近日点的旋转等方面,这种摄动总是朝着一个方向变化,所以称之为长期性摄动。

摄动对天体运行的轨道影响虽然很小,可是意义却十分重大。海王星的发现就充分说明了这一点。在 1781 年,发现天王星之后,观测到天王星运行的轨道有不规则的变化,而用当时已经发现的行星对天王星的摄动是无法解释的。法国的勒威耶和英国的亚当斯在 1843—1845 年间各自独立地根据牛顿的力学原理,

应用摄动理论,推断一定有一个未知的行星在吸引天王星,才会造成天王星轨道的偏离。他们通过计算,算出了这个未知行星的位置,果然于 1846 年在预计的位置附近观察到了这颗新的行星,命名为海王星。1930 年,根据摄动的类似计算,又发现了冥王星。

### 三、行星轨道近日点的旋转

天体运行的摄动,应用其他邻近天体的引力就可以给出解释。这使得牛顿的万有引力定律再一次得到证实。可是,牛顿的引力理论却不能解释已经观察到的水星近日点旋转这一现象(如图 4 - 1)。牛顿的引力理论是"超距的",即引力的传播是瞬时的。在某一时刻行星所受到的引力,仅仅取决于在同一时刻其他天体的质量与位置。天体之间的相互位置一经改变,其所受的万有引力也立即发生改变。这种理论是基于物理作用

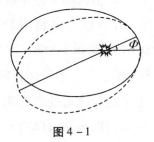

图 4 - 1

越过了空间却不需要时间,这是难以理解的。现代物理学证实了在自然界中最大的传递速度为光在真空中的速度 $c = 3 \times 10^5$ 千米/秒。牛顿的引力理论却假定了引力是以无穷大的速度传递。这是牛顿的引力理论的一个理论上和实际上的巨大困难。只有当我们忽略了引力作用传递时间的条件下,牛顿的引力理论才与实际符合。牛顿的引力理论的这一重大缺陷,便是造成它不能解释水星近日点旋转等现象的原因。

20世纪初,爱因斯坦应用他创立的相对论,成功地解释了水星近日点旋转等现象。因而,爱因斯坦从理论上证明了相对于太阳,行星运行的轨道并不是闭合的椭圆曲线。椭圆轨道的长半轴本身又在慢慢地转动(简略的证明见附录5)。对人造地球卫星轨道的观测也证明了相对论的正确性。爱因斯坦的相对论,否定了任何"超距"的物理理论,否定了任何割裂空间与时间的物理理论,也否定了任何割裂时间、空间与物质运动的物理理论。比之于牛顿的力学,相对论物理学又前进了一大步。

## 四、引力的本质尚未认识

爱因斯坦的相对论也有缺陷。例如,在作为现代物理的引力理论的广义相对论中,爱因斯坦用时空弯曲来解释万有引力的本质。把引力归结为时空弯曲,这是一种几何观点的引力理论,其实也只是一种描述,万有引力的本质仍然没有揭示出来。无论是牛顿的引力理论,还是爱因斯坦的引力理论,都存在一个弱点,即过分重视吸引力的作用,不同程度地忽视了排斥力作用。

根据广义相对论得出"黑洞"存在的结论,光都射不出"黑洞",好像只有吸引,没有排斥。可是霍金根据量子理论提出,"黑洞"周围极强的引力场仍能向外辐射粒子。这说明了爱因斯坦广义相对论的局限。看来只有将相对论与量子理论结合起来,才能对吸引和排斥的对立统一给出较好说明,从而深入一步,以便揭示出尚未认识的引力的本质。

153

## 五、恩格斯论吸引与排斥

恩格斯十分强调吸引和排斥的对立统一,认为"真正的物质理论必须给予排斥以和吸引同样重要的地位"。(见《自然辩证法》第221页)。

恩格斯深刻地批判了单纯以吸引为基础的牛顿的引力论。牛顿强调了吸引,忽视了排斥,不能解释行星运动的切线力是从哪里来的,得出"第一推动力"的谬论。

康德否定了"第一推动力",提出了原始星云中的微粒因吸引而聚集,因排斥而旋转,认为切线力来源于斥力。根据引力和斥力的相互作用,康德阐述了天体起源的星云假说,从而打开了形而上学自然观的第一个缺口,为发展的、辩证的自然观提供了基础。对此,恩格斯给予了高度评价。由于受到18世纪科学水平的限制,康德只能根据力学来论述天体的起源,而不可能从热力学、电磁学、粒子物理学来论述,因而康德并未能对斥力的本质给予物理说明。

与经典力学相反,在热力学领域里进行理论概括时,又只注意了排斥,忽视了吸引,忽视了吸引与排斥的转化,也导致了谬误。克劳修斯以热力学第二定律为根据,得出"宇宙热寂说"就是一个典型例子。恩格斯以能量守恒和转化定律为根据,尖锐地批判了"宇宙热寂说"。恩格斯提出了必须从质和量两方面来理解能量守恒和转化定律。他认为这一定律可以表述为:"宇宙中有一个吸引运动,就一定有一个与之相当的排斥运动来补充,反过来也一样。"(见《自然辩证法》第55页)恩格斯预言放射到太空中去的热一定有可能转化为另一种运动形式而重新集结。这一预言已为现代物理所证实。

离散的天体之间存在引力,而天体之间又充满了连续的辐射。宇宙的图像,是吸引与排斥、连续与间断对立统一的图像。引力与辐射的相互联系是值得研究的课题。

## 六、现代物理学需要引斥论

现代物理学的发展表明,注意将吸引和排斥结合起来就有所前进。经典电磁理论不能解释黑体辐射的问题,导致普朗克提出量子论,辐射是量子化的。爱因斯坦进一步提出"光子说",圆满地解释了光电效应。爱因斯坦根据广义相对论,预言了光子在引力场中要被吸引而发生偏转。这都表明了不存在单纯排斥形态的运动,光的粒子性就是很好的证明。同样,实物微粒(电子、质子、中子等)的波动性,则表明了不存在单纯吸引形态的运动。德布罗意的著名假设($\lambda = h/p$)已成为量子理论的基本原理。放射性现象的发现,更是生动地表明了吸引和排斥的相互联系。

在粒子物理学中,研究了强相互作用力、电磁相互作用力、弱相互作用力——这些相互作用力的存在,都显示出吸引和排斥的对立统一。但在"基本"粒子物理学中,引力相互作用则没有加以考虑,是它根本不起作用,还是人们对它的作用还未认识呢?这

是值得探索的。同样,对万有引力的研究仍与其他相互作用全然分离,这不能不说是一种片面性。从自然界普遍联系的辩证观点来看,研究这四种相互作用力之间的相互联系、相互转化,研究它们的共性和个性是十分重要的。

直到现在为止,还没有一个物理学理论把物质运动的吸引和排斥的辩证规律充分揭示出来。这就是为什么对引力的本质,粒子的结构,四种力的相互联系等问题,至今未能给出较为满意的答案的重要原因之一。看来只有揭示出物质运动多种多样的吸引和排斥的内在联系和相互转化,才能逐步解决这些问题。引力论被引斥论所代替有助于问题的解决。

## 七、建立引斥论的几点设想

中国古代的哲学思想强调"阴阳互补","太极图"就形像地表示了这一思想。"一阴一阳之谓道。"(《周易·系辞传上》)即是说:阴阳互补,相互转化的规律就是"道"。这些哲学思想,启发了作者提出引斥论设想。

对于建立引斥论,作者提出四点初步设想:

其一,牛顿、爱因斯坦的引力论的出发点是惯性,这不能与既有引力又有斥力的电磁理论统一起来。我认为必须改变理论的出发点——引斥论应当以旋转作为出发点,这并不否定惯性。惯性定律只是在旋转世界的局部时空中近似成立。其根据之一是:如果地球80分钟自旋一周,则在赤道上处于失重状态,若旋转得更快则成了一个斥力世界。万事万物都在旋转,地球在旋转、太阳在旋转、银河系在旋转……就都处在引斥场中,而加速旋转对应着辐射。在旋转的基础上研究物体的相互作用,既有引力也有斥力,这有利于将引斥力与电磁力统一起来。

其二,根据"黑洞"理论的发展表明,在相对论和量子理论的结合上,期待着引斥论的建立。或者反过来说,引斥论的建立也许有助于相对论和量子理论的真正结合。当然不是在违背这两个理论的前提下去建立引斥论。实际上,这两个理论的许多重要成果,恰恰反映了吸引和排斥的辩证关系。

其三,物理学正朝着统一的方向发展是总的趋势。19 世纪对电与磁的统一,引起了人类社会的巨大进步。电磁相互作用与弱相互作用,近年已被温伯格 – 萨拉姆的理论所统一。人们期待着四种相互作用的统一。所谓统一,就是找出相互联系、找出共同规律,而并不是否认相互作用的多样性。但是纯吸引的"引力论"对于统一是困难的。若能把引力变为引斥力,则既有助于电磁力与引斥力的统一,也有助于四种相互作用的大统一。引斥论可能为四种相互作用的统一作出贡献;或者说,在四种相互作用的统一中有望建立引斥论。

其四,大家知道,电磁相互作用既有引力也有斥力。洛仑兹力公式就表明了这一点。无论采用伽利略变换,还是采用洛仑兹变换,都能得出具有引力和斥力的统一公式。作者根据天体沿圆锥曲线轨道运动且近日点又在旋转这一观测事实为基础,考虑到天体运行时面积速度为恒量,从而推导出新的引力公式——既包

括有引力项,又包括有斥力项,因此,称它为引斥力公式(推导见附录6):

$$f = \frac{GMm}{r^2}\left[\sigma^2 + \frac{p(1-\sigma^2)}{r}\right]$$

其中 $\sigma$ 为一常量。当 $\sigma = 1$ 时,引斥力公式即化为牛顿的万有引力公式。

在引斥力公式的基础上,作者认为可以建立一个新的理论——引斥论(参见查有梁编著的《牛顿力学的横向研究》)。

考虑到广义相对论的结果,引斥力公式也可表述为

$$f = \frac{GMm}{r^2}\left(1 - \frac{\Lambda^2}{c^2}\right) + \frac{GMmp}{r^3}\left(\frac{\Lambda^2}{c^2}\right)$$

其中 $\Lambda^2 = \dfrac{6GM}{p}$,$c$ 为光速。当 $\Lambda \ll c$ 时,引斥力公式即转化为牛顿的万有引力公式

$$f = \frac{GMm}{r^2}$$

可见,新的引斥力公式包括了牛顿的万有引力公式。从引斥力公式出发,列出动力学微分方程,自然可以解释行星近日点的旋转。

既然引斥力公式中,如同电磁力公式一样,有引力项,也有斥力项,可见,沿着这一思路探索下去就有希望建立电磁相互作用与引力相互作用(改称为引斥相互作用为好)相统一的理论——这正是爱因斯坦所期待的。

爱因斯坦后半生从事于统一场论的探索,试图把电磁相互作用与引力相互作用统一起来,结果没有成功。有的物理学家,例

如波恩等人认为,是因为爱因斯坦忽视了现代才认识到的强相互作用和弱相互作用。这种解释是不妥当的。物理科学在走向统一的过程中,总是由小的、局部的统一,达到大的、整体的统一。如果认为统一就只能是大统一,这就不能说明,为什么法拉第、麦克斯韦能够把电、磁、光统一起来;同样也不能说明,为什么温伯格－萨拉姆能够把电磁相互作用与弱相互作用统一起来。

作者坚信,恩格斯的引斥观是正确的,爱因斯坦的希望是能实现的。现代物理学在走向统一中,需要建立引斥论。如果能够成功地建立起引斥论,就能够成功地把电磁相互作用与引斥相互作用统一起来,进而实现四种相互作用的大统一。

## 八、广义不确定原理

作者从香农－维纳(Shannon-Wiener)公式,推导出广义不确定原理,海森伯不确定原理是它的特殊情况。香农-维纳公式表明了信息的最大传递率为

$$\frac{\mathrm{d}s}{\mathrm{d}t} = \frac{1}{2\pi} \int_{-\infty}^{\infty} \mathrm{d}\nu \log_2 \left[ 1 + \frac{|\int_{-\infty}^{\infty} M(t) \exp(i\nu t)\, \mathrm{d}t|^2}{|\int_{-\infty}^{\infty} N(t) \exp(i\nu t)\, \mathrm{d}t|^2} \right], \quad (4.1)$$

简化为代数式表为

$$s = \Delta\omega \cdot \Delta t \cdot \log_2(1 + M/N) \quad (4.2)$$

其中,$\Delta\omega$ 为频宽,$\Delta t$ 为时间,$M$ 为信号功率,$N$ 为"噪声"功率。(4.2)式可变为

$$s\hbar = \Delta\omega\hbar \cdot \Delta t \cdot \log_2(1 + M/N) \quad (4.3)$$

$\Delta E = \Delta \omega \hbar, \hbar = \dfrac{h}{2\pi}, h$ 为普朗克常数，$E$ 为能量，则有

$$\Delta E \cdot \Delta t = \frac{s\hbar}{\log_2 (1 + M/N)} \qquad (4.4)$$

$$\Delta E \cdot \Delta t > \frac{s\hbar}{2\log_2 (1 + M/N)} \qquad (4.5)$$

由 $E = \dfrac{p^2}{2m}, \Delta E = v \cdot \Delta P, \Delta x = v \cdot \Delta t, P$ 为动量，$v$ 为速度，则有

$$\Delta P \cdot \Delta x > \frac{s\hbar}{2\log_2 (1 + M/N)} \qquad (4.6)$$

当传递的信息量 $s$ 为 1 比特，当信噪比 $M/N$ 为 1 时，由 (4.5)、(4.6) 式可得到海森伯不确定原理

$$\Delta E \cdot \Delta t > \frac{\hbar}{2} \qquad (4.7)$$

$$\Delta P \cdot \Delta x > \frac{\hbar}{2} \qquad (4.8)$$

广义不确定原理表明：动量与位置的不确定原理，或能量与时间的不确定原理，不仅与普朗克常数有关，而且与信息量、信噪比有关。传递的信息量愈大，不确定性的积累愈大；信噪比愈大，不确定性的积累愈小。在测量中，愈复杂的部分，误差愈大；"噪声"愈大，误差愈大。广义不确定原理能较好地解释上述现象。同时，广义不确定原理，从理论上能说明拉普拉斯决定论是不可能的。因为要获得关于宇宙初始条件的极大数量的信息量，必然有很大的不确定性，因而牛顿力学在原则上就是不能绝对确定的。

160

## 九、不确定原理的物理机制

海森伯不确定原理表明:要同时测准一个粒子的动量和位置是不可能的。动量测得越准,则位置必然测得越不准;位置测得越准,则动量必然测得越不准。能量和时间这一对共轭物理量亦遵从海森伯不确定原理。海森伯不确定原理的物理解释主要有两种:第一种解释认为,这一关系是反映单个微粒的特征,这一不确定性是根源于微观粒子同观察仪器的相互作用。第二种解释认为,这一关系是反映量子系统的特征,是测量大量微观客体的随机统计散差所引起的。物理学家们认为:目前的实验事实还不足以对上述两种看法给出判决。本书推导出的广义不确定原理,把海森伯不确定原理作为特殊情况包容在其中。从广义不确定原理看,上述两种解释都有偏颇。广义不确定原理既然还与"信息量""信噪比"有关,即测量一个粒子的动量和位置时,与系统的其他粒子有关,与环境因素有关。因而,不确定原理应当是单个粒子的系统与环境特征的反映,而不仅仅是单个微粒特征的反映,也不仅仅是微粒同仪器的相互作用,亦不仅仅是微观客体的随机统计散差。重要的是,这个粒子可以是微观粒子,也可以是宏观粒子。这就把不确定原理真正从微观世界的原理,拓展到成为整个物理世界的原理。大家知道,宏观世界的"三体问题"中已明显表现出内在随机性。这说明广义不确定原理的物理机制决不是单个客体的性质,而应当是系统的统计效应。广义不确定原

理对于我们理解海森伯不确定原理的物理机制提供了认识的新启发。

## 十、力学是因果与机遇的辩证统一

狄拉克在《量子力学原理》中指出,海森伯不确定原理($\Delta q' \Delta p' = h$)对于有几个自由度的系统,分别适用于每一个自由度。狄拉克、海森伯都没有给出适用于多个自由度的不确定原理。本书推导出的广义不确定原理是适用于多个自由度的不确定原理。自由度越大,则所测的信息量越大,不确定性的积累就越大。这并非简单的线性叠加,因为这一关系式还与"信噪比"有关,而"信噪比"是有"起伏""涨落"的。把海森伯不确定原理应用于多粒子、多自由度的系统,可以应用线性叠加原理;而应用广义不确定原理时,严格说不能应用线性叠加原理,必须考虑随机涨落,是非线性的。线性叠加原理是整体等于部分之和的数理表示,而系统科学则告诉我们:整体不等于部分之和。广义不确定原理是符合系统科学的整体原理的,这也表明了广义不确定原理的物理机制,它不是单个粒子特征的反映,而是粒子系统特征的反映。

海森伯不确定原理虽然已经表明了牛顿力学决定论的局限性,然而,由于普朗克常数的值很小很小,所以,在宏观世界完全有理由把牛顿力学决定论视为正确的。本书推导出的广义不确定原理表明:牛顿力学决定论是不正确的。因为物理测量的不确定性与信息量、信噪比、普朗克常数三者都有关系。即使普朗克常数很小，但信息量、信噪比总是不可忽略的。根据广义不确定原理可知，宏观世界与微观世界一样，不能认为牛顿力学的决定论是正确的。进而言之，任何物理的绝对的决定论都是不正确的。这是一个新的结论。力学应当是因果与机遇、决定与非决定、必然与偶然的辩证统一。力学既不是纯粹的决定论，也不是纯粹的非决定论。信息的研究将使力学的基础发生根本变化——这便是作者推导出的广义不确定原理的意义所在。

作者以自己的研究成果——引斥论、广义不确定原理等——表明：力学绝不是一个已经终极了的理论。后人还大有创造的天地，需要继续探索。

作为结束，献给读者一首诗：

## 贝壳和大海

我忙着为孩子们拾几个贝壳，
一时忘却了面对的辽阔大海。
我抬头凝视卷起的层层浪花，
贝壳怎能使孩子领受大海的胸怀？

我欲把整个大海带回故乡，
而大海啊，是那样的宽广！
我拾起一个闪光的贝壳，
顿时想起一幅动人的图像：

牛顿发现海潮起源于引力，
正是万有引力把整个星系贯穿。
牛顿说："这只不过拾了个贝壳"，
"而真理的大海却没有发现！"

一轮红日从东方蹦出海面，
光芒四射，大海显得分外耀眼。
爱因斯坦试图统一引力和光，
至今这个"贝壳"还未发现。

啊！牛顿的贝壳包罗了天体，
真理的大海，无边无际！
大海有贝壳，贝壳又有大海，
贝壳和大海都同样珍奇！

# 附　录

## 附录 1　椭圆的面积

[**方法** 1]应用定积分计算椭圆的面积。采用直角坐标,根据对称性,椭圆的面积 $A$ 为

$$A = 4 \int_0^a y(x)\,\mathrm{d}x$$

椭圆的参数方程

$$\begin{cases} x = a\cos t \\ y = b\sin t \end{cases}$$

$$\mathrm{d}x = -a\sin t\,\mathrm{d}t$$

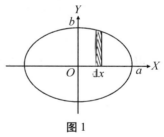

图 1

当 $x$ 由 0 积分至 $a$,即 $t$ 由 $\dfrac{\pi}{2}$ 积分至 0。

所以

$$A = 4 \int_0^{\frac{\pi}{2}} b\sin t(-a\sin t)\,\mathrm{d}t = 4ab \int_0^{\frac{\pi}{2}} \sin^2 t\,\mathrm{d}t$$

$$= 4ab \int_0^{\frac{\pi}{2}} \frac{1-\cos 2t}{2}\,\mathrm{d}t = 4ab\left[\frac{t}{2} - \frac{\sin 2t}{4}\right]_0^{\frac{\pi}{2}}$$

$$= 4ab\,\frac{\pi}{4} = \pi ab$$

即得

$$A = \pi ab$$

[**方法**2]应用二重积分计算椭圆的面积。

在直角坐标中椭圆的方程为

$$\frac{x^2}{a^2} + \frac{y^2}{b^2} = 1$$

作变换
$$\begin{cases} x = au \\ y = bv \end{cases}$$

则椭圆方程变为 $u^2 + v^2 = 1$,即半径为 1 的圆。经过此变换,椭圆区域 $D$ 变换到圆形区域 $D'$。其雅可比行列式为

$$\frac{\partial(x,y)}{\partial(u,v)} = \begin{vmatrix} \dfrac{\partial x}{\partial u} & \dfrac{\partial x}{\partial v} \\ \dfrac{\partial y}{\partial u} & \dfrac{\partial y}{\partial v} \end{vmatrix} = \begin{vmatrix} a & 0 \\ 0 & b \end{vmatrix} = ab$$

所以
$$A = \iint\limits_{D} \mathrm{d}x\mathrm{d}y = \iint\limits_{D'} \frac{\partial(x,y)}{\partial(u,v)} \mathrm{d}u\mathrm{d}v$$

$$= \iint\limits_{D'} ab\,\mathrm{d}u\mathrm{d}v = ab \iint\limits_{D'} \mathrm{d}u\mathrm{d}v$$

$$= \pi ab$$

[**方法**3]应用曲线积分求椭圆的面积。由格林公式可知

$$\iint\limits_{D} \mathrm{d}x\mathrm{d}y = \frac{1}{2} \oint x\mathrm{d}y - y\mathrm{d}x$$

椭圆的参数方程为 $\begin{cases} x = a\cos t \\ y = b\sin t \end{cases}$

所以
$$A = \iint\limits_{D} \mathrm{d}x\mathrm{d}y = \frac{1}{2} \oint x\mathrm{d}y - y\mathrm{d}x$$

$$= \frac{1}{2} \int_{0}^{2\pi} a\cos t \cdot b\cos t\,\mathrm{d}t - b\sin t(-a\cos t)\,\mathrm{d}t$$

$$= \frac{1}{2}\int_0^{2\pi} ab(\cos^2 t + \sin^2 t)\,\mathrm{d}t = \frac{1}{2}ab\int_0^{2\pi}\mathrm{d}t$$

$$= \pi ab$$

## 附录 2　圆锥曲线统一的切线坐标方程

我们首先证明

$$\tan \alpha = \frac{r}{r_\theta'} \tag{1}$$

其中 $r$ 为极坐标的矢径,$\theta$ 为极角,$\alpha$ 为矢径与切线之亲角,如图 2 所示。直角坐标和极坐标之间的变换公式为

$$\begin{cases} x = r\cos \theta \\ y = r\sin \theta \end{cases}$$

由微分学可知:$y_x' = \tan \varphi$,

又　　　　$$y_x' = \frac{y_\theta'}{x_\theta'}$$

$$= \frac{r_\theta'\sin \theta + r\cos \theta}{r_\theta'\cos \theta - r\sin \theta}$$

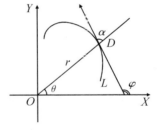

图 2

对于切线坐标,取 $r,\alpha$ 为变量,由图 2 不难得知

$$\tan \alpha = \tan(\varphi - \theta) = \frac{\tan \varphi - \tan \theta}{1 + \tan \varphi \tan \theta}$$

将 $\tan \varphi = \dfrac{r_\theta'\sin \theta + r\cos \theta}{r_\theta'\cos \theta - r\sin \theta}$ 代入上式,化简即得

$$\tan \alpha = \frac{r}{r_\theta'}$$

用非标准分析的方法,可以简单而直观地得出(1)式。

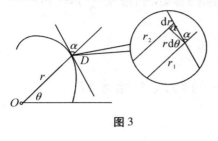

图3

如图 3 所示,右边圆圈是 $D$ 点放大的图示。在 $D$ 点内的微分三角形当然比点还小。由 $O$ 点发出的两条矢径 $r_1, r_2$ 都射到 $D$ 点内。它们如此接近,以至完全可视为 $r_1 /\!/$ $r_2$,这正如太阳上射到地球的两束光线是平行的一样。由图 2 可知:

$$\tan \alpha = \frac{r\mathrm{d}\theta}{\mathrm{d}r} = \frac{r}{\dfrac{\mathrm{d}r}{\mathrm{d}\theta}} = \frac{r}{r_\theta'}$$

下面由圆锥曲线的极坐标方程来推证圆锥曲线的切线坐标方程。

因为
$$r = \frac{p}{1 + e\cos \theta} \tag{2}$$

则
$$r_\theta' = \frac{\mathrm{d}r}{\mathrm{d}\theta} = \frac{-pe \cdot (-\sin \theta)}{(1 + e\cos \theta)^2} = \frac{r^2 e\sin \theta}{p} \tag{3}$$

将式(3)代入式(1)得

$$\tan \alpha = \frac{p}{re\sin \theta} \tag{4}$$

由三角公式 $\cos^2 \alpha = 1 + \cot^2 \alpha$

即
$$\frac{1}{\sin^2 \alpha} = 1 + \frac{1}{\tan^2 \alpha} \tag{5}$$

将(4)代入上式得

168

$$\frac{1}{\sin^2\alpha} = 1 + \frac{r^2 e^2 \sin^2\theta}{p^2}$$

将 $p = r(1 + e\cos\theta)$ 代入上式得

$$\frac{1}{\sin^2\alpha} = \frac{2(1 + e\cos\theta) + e^2 - 1}{(1 + e\cos\theta)^2}$$

将 $(1 + e\cos\theta) = \dfrac{p}{r}$ 代入上式得

$$\frac{1}{\sin^2\alpha} = \frac{r^2}{p^2}\left(\frac{2p}{r} + e^2 - 1\right)$$

上式化简,即得圆锥曲线的切线坐标方程

$$\frac{p}{2r^2\sin^2\alpha} - \frac{1}{r} = \frac{e^2 - 1}{2p}$$

即为(1.21)式。

## 附录3　圆锥曲线统一的曲率半径公式

应用微分法,证明圆锥曲线统一的曲率半径为 $\rho = \dfrac{p}{\sin^3\alpha}$

[**证明**]根据微分学可知,在极坐标下,曲率半径的一般公式为

$$\rho = \frac{(r^2 + r_\theta')^{3/2}}{r^2 + 2r_\theta'^2 - rr_\theta''} \tag{6}$$

把附录2中的(1)式代入(5)式得

$$r^2 + r_\theta'^2 = \frac{r^2}{\sin^2\alpha} \tag{7}$$

由附录2的(3)式知

力学与航天

$$r_\theta' = \frac{pe\sin\theta}{(1+e\cos\theta)^2} = \frac{r^2 e\sin\theta}{p} \qquad (8)$$

$$r_\theta'' = \left[\frac{pe\sin\theta}{(1+e\cos\theta)^2}\right]'$$

上式进行微分运算后得

$$r_\theta'' = \frac{r^3}{p^3}(pe\cos\theta + 2pc^2 - pe^2\cos^2\theta) \qquad (9)$$

将式(8)、(9)代入(6)式的分母得

$$r^2 + 2r_\theta'^2 - rr_\theta'' = \frac{r^3}{p} \qquad (10)$$

将式(7)、(10)代入(6)式则得圆锥曲线统一的曲率半径公式

$$\rho = \frac{p}{\sin^3\alpha}$$

即为(1.28)式。

## 附录4　动能公式和引力势能公式

如图 5 所示,当 $f$ 为变力,使物体沿一曲线 $s$ 运动,求 $f$ 对物体所做之功 $W$。

取三维直角坐标,则

$$f = f_x \mathbf{i} + f_y \mathbf{j} + f_z \mathbf{k} \qquad (11)$$

$$\mathrm{d}s = \mathrm{d}x\mathbf{i} + \mathrm{d}y\mathbf{j} + \mathrm{d}z\mathbf{k} \qquad (12)$$

$$W = \int \mathrm{d}W = \int f \cdot \mathrm{d}s \qquad (13)$$

将式(11)、(12)代入式(13)得

170

$$W = \int_{x_0}^{x} f_x \, \mathrm{d}x + \int_{y_0}^{y} f_y \, \mathrm{d}y + \int_{z_0}^{z} f_z \, \mathrm{d}z$$

由牛顿第二定律

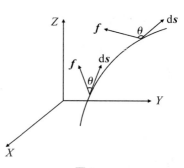

图 5

$$f_x = ma_x = m \frac{\mathrm{d}v_x}{\mathrm{d}x} \frac{\mathrm{d}x}{\mathrm{d}t} = mv_x \frac{\mathrm{d}v_x}{\mathrm{d}x}$$

$$f_y = ma_y = m \frac{\mathrm{d}v_y}{\mathrm{d}y} \frac{\mathrm{d}y}{\mathrm{d}t} = mv_y \frac{\mathrm{d}v_y}{\mathrm{d}y}$$

$$f_z = ma_z = m \frac{\mathrm{d}v_z}{\mathrm{d}z} \frac{\mathrm{d}z}{\mathrm{d}t} = mv_z \frac{\mathrm{d}v_z}{\mathrm{d}z}$$

所以 
$$W = \int_{x_0}^{x} mv_x \frac{\mathrm{d}v_x}{\mathrm{d}x} \cdot \mathrm{d}x + \int_{y_0}^{y} mv_y \frac{\mathrm{d}v_y}{\mathrm{d}y} \mathrm{d}y + \int_{z_0}^{z} mv_z \frac{\mathrm{d}v_z}{\mathrm{d}z} \mathrm{d}z$$

$$= \int_{v x_0}^{v_x} mv_x \mathrm{d}v_x + \int_{v y_0}^{v_y} mv_y \mathrm{d}v_y + \int_{v z_0}^{v_z} mv_z \mathrm{d}v_z$$

$$= \frac{1}{2}mv_x^{\ 2} - \frac{1}{2}mv_{x_0}^{\ 2} + \frac{1}{2}mv_y^{\ 2} - \frac{1}{2}mv_{y_0}^{\ 2} + \frac{1}{2}mv_z^{\ 2} -$$

$$\frac{1}{2}mv_{z_0}^{\ 2}$$

$$= \frac{1}{2}m(v_x^{\ 2} + v_y^{\ 2} + v_z^{\ 2}) - \frac{1}{2}m(v_{x_0}^{\ 2} + v_{y_0}^{\ 2} + v_{z_0}^{\ 2})$$

$$= \frac{1}{2}mv^2 - \frac{1}{2}mv_0^{\ 2}$$

得到:外力所做之功 $W$ 等于物体动能的变化,即

$$W = \frac{1}{2}mv^2 - \frac{1}{2}mv_0^{\ 2} = K - K_0$$

同样得到如(2.39)式一样的动能公式

$$K = \frac{1}{2}mv^2$$

设一质量为 $m$ 的天体,在另一质量为 $M$ 的天体的引力作用下,从无穷远点移到距天体 $M$ 中心距离为 $r$ 的地方。这时引力所做之功为

$$W = \int_{\infty}^{r} \mathrm{d}W = \int_{\infty}^{r} \frac{GMm}{r^2}\mathrm{d}r = -\frac{GMm}{r}$$

根据功能原理,引力所做的功等于引力势能的减小,则得引力势能的公式为

$$U = -\frac{GMm}{r}$$

这里是取无穷远点势能为零,且势能为最大值。当物体在引力作用下接近时,势能减少;负号就表示了这个意义。上式即为 (2.44) 式。

## 附录 5 行星近日点旋转的推导

行星近日点旋转的严格推导方法,是求解爱因斯坦引力场方程。所应用的数学较为复杂。这里采用狭义相对论和广义相对论的等效原理相结合的方法来推导。

根据牛顿的经典力学,行星在一个周期 $T$ 的时间内,所转动的角度 $\theta = 2\pi$ 弧度,如果令 $\omega$ 为行星运行的角速度,则

$$\theta = \omega T \tag{14}$$

先考虑行星的轨道为圆形轨道,其轨道半径 $r$。根据牛顿力学原理,太阳对行星的引力充当行星运动的向心力,即

$$\frac{GMm}{r^2} = \frac{mv^2}{r}$$

也即
$$\frac{GMm}{r^2} = m\omega^2 r$$

其中 $M$ 为中心天体的质量，$m$ 为行星的质量，则

$$\omega = \frac{(GM)^{1/2}}{r^{3/2}} \tag{15}$$

将式（15）代入式（14）得

$$\theta = \frac{(GM)^{1/2}}{r^{3/2}} \cdot T \tag{16}$$

　　行星是在引力场中运动，根据相对论，（16）式中的空间间隔 $r$、时间间隔 $T$，以及质量 $M$ 都不是绝对的，不是不变的。下面就来说明在相对论中对 $r,T,M$ 将作怎样的变换。

　　在广义相对论中，爱因斯坦根据惯性质量和引力质量相等这一实验事实，并利用"升降机"的理想实验，生动地论述了他所提出的"等效原理"。在引力场中，一个在做自由落体运动的"升降机"内的观察者认为，他周围并不存在引力场，他自己所在系统是惯性系；可是在"升降机"外面的观察者却认为存在引力场，"升降机"是在引力场内做匀加速运动，"升降机"内不是惯性系。假定在一个不存在引力场的空间，做匀加速运动的"升降机"内的观察者认为存在引力场；可是在"升降机"外的观察者却认为不存在引力场，是"升降机"在做匀加速运动。由此可见，引力场和加速场是等效的——这种等效是由同一物体的惯性质量和引力质量总是相等这一观测事实引出来的，这一原理称之为等效原理。引力场和加速场的等效性，正是引力质量和惯性质量相等的必然结果。也正因为引力场和加速场等效，才给出了等效原理这一名称。从上述分析可知，两个

并非做匀速直线运动的系统也是可以相互变换的,只要知道引力场与加速场的变换规律就能够相互变换。

根据力学原理,距离中心天体质量 $M$ 为 $r$ 的物体,欲脱离中心天体的引力作用而运动到无穷远去,其速度应为

$$v = \sqrt{\frac{2GM}{r}}$$

反之,在中心天体的引力作用下,物体从无穷远处运动到距离中心天体为 $r$ 的地方,其相应的速度也应为

$$v = \sqrt{\frac{2GM}{r}} \tag{17}$$

(17)式是不难证明的。根据动能原理

$$\mathrm{d}\left(\frac{1}{2}mv^2\right) = \int f \cdot \mathrm{d}r$$

即

$$\mathrm{d}\left(\frac{1}{2}mv^2\right) = \int_{\infty}^{r}\left(-\frac{GMm}{r^2}\right)\mathrm{d}r$$

积分上式,考虑到 $r = 0, v = 0$,则得

$$v^2 = \frac{2GM}{r} \tag{18}$$

上式两端同除以光速的平方,则有

$$\frac{v^2}{c^2} = \frac{2GM}{rc^2} \tag{19}$$

由(18)式可知,如果物体距离中心天体的距离 $r$ 不变,那么物体在中心天体的引力作用下做径向运动的速度 $v$ 也不变。因而位于 $r$ 处的观察者,看到在引力作用下从无穷远处运动到 $r$ 处的所有物体的速度都相同,为 $\sqrt{2GM/r}$。因此,这个观察者可以把这

些物体的运动作为匀速直线运动来处理,因为在 $r$ 这一点时, $v$ 不变。另一方面,这些在中心天体的引力作用下做加速运动的物体内部的观察者却认为不存在引力场,他自己周围是惯性系,与远离引力场的惯性系一样! 由此可见,这里所用的方法在于:根据等效原理,我们把引力场转化为加速场。考虑到固定的每一点 $r$ 处,速度 $v$ 不变,又进而把做加速运动的系统变换为做匀速直线运动的系统。这就可以应用狭义相对论的结论,将位于引力场中某一点 $r_0$ 的时空,根据洛仑兹变换,变换到远离引力场的惯性系中去。具体地说,我们可以写出位于引力场某一点 $r_0$ 的时间间隔 $T_{r_0}$、空间间隔 $r_{r_0}$ 和质量 $M_{r_0}$ 与远离引力场的惯性系所测知的 $T,r,M$ 相互变换的公式

$$\left.\begin{array}{l} T_{r_0} = \dfrac{1}{\sqrt{1 - v^2/c^2}} \cdot T \\[3mm] r_{r_0} = \sqrt{1 - v^2/c^2} \cdot r \\[3mm] M_{r_0} = \dfrac{1}{\sqrt{1 - v^2/c^2}} \cdot M \end{array}\right\} \qquad (20)$$

$c$ 为光速,由于 $v \ll c$,按照泰勒公式展开上面的变换式,只取两项,略去高次项,即得

$$\left.\begin{array}{l} T_{r_0} = \left(1 + \dfrac{v^2}{2c^2}\right) T \\[3mm] r_{r_0} = \left(1 - \dfrac{v^2}{2c^2}\right) r \\[3mm] M_{r_0} = \left(1 + \dfrac{v^2}{2c^2}\right) M \end{array}\right\} \qquad (21)$$

将(19)式代入(21)式得

$$
\left.\begin{array}{c}
T_{r_0} = \left(1 + \dfrac{GM}{r_0 c^2}\right) T \\[2mm]
r_{r_0} = \left(1 - \dfrac{GM}{r_0 c^2}\right) r \\[2mm]
M_{r_0} = \left(1 + \dfrac{GM}{r_0 c^2}\right) M
\end{array}\right\}
\qquad (22)
$$

(16)式指出了,根据经典力学,行星在一个周期 $T$ 内转角为 $\theta = 2\pi$,且表为

$$
\theta = \frac{(GM)^{1/2}}{r^{3/2}} \cdot T
$$

但是,行星处于引力场中,根据上述分析,其中 $T$、$r$、$M$ 在相对论物理中必须作修改,即必须按照(22)式所示的变换规律进行变换。对于离中心天体距离为 $r_0$ 的行星,其每一周期 $T$ 内的转角应为

$$
\theta_{r_0} = \frac{(GM_{r_0})^{1/2}}{(r_0)^{3/2}} \cdot T_{r_0}
\qquad (23)
$$

很明显,在这里 $\theta_{r_0} \neq 2\pi$ 弧度。

将(22)式代入(23)式,并再次应用泰勒公式,得

$$
\theta_{r_0} = \frac{(GM)^{1/2}}{r^{3/2}} \cdot T \cdot \frac{\left(1 + \dfrac{GM}{r_0 c^2}\right)\left(1 + \dfrac{GM}{2 r_0 c^2}\right)}{\left(1 - \dfrac{3}{2}\,\dfrac{GM}{r_0 c^2}\right)}
$$

化简上式,并将(16)式代入得

$$
\theta_{r_0} = \left(1 + \frac{3GM}{r_0 c^2}\right) \cdot \theta
\qquad (24)
$$

176

于是可求出相对论计算的转角 $\theta_{r_0}$ 与经典力学的转角之差

$$\Phi = \theta_{r_0} - \theta = \frac{3GM}{r_0 c^2}\theta$$

而 $\theta = 2\pi$ 弧度，则

$$\Phi = \frac{6\pi GM}{r_0 c^2} \qquad (25)$$

上式是把行星运行轨道视为圆轨道计算转角差的公式。如果考虑椭圆轨道，则其中的 $1/r_0$，应当取近日点和远日点的距离的倒数的平均值，即有

$$1/r_{近} = \frac{1}{a(1-e)}$$

$$1/r_{远} = \frac{1}{a(1+e)}$$

$$1/r_0 = \frac{1/r_{近} + 1/r_{远}}{2}$$

$$= \frac{1}{2a(1-e)} + \frac{1}{2a(1+e)}$$

所以

$$1/r_0 = \frac{1}{a(1-e^2)} \qquad (26)$$

将式(26)代入式(25)，即得

$$\Phi = \frac{6\pi GM}{a(1-e^2)c^2} \qquad (27)$$

其中，$G$ 为万有引力常数，$M$ 为中心天体的质量，$c$ 为光速，$a$ 为椭圆轨道的长半轴，$e$ 为椭圆的离心率。

以水星为例，水星的 $a = 0.387$ 天文单位(地球椭圆轨道的长半轴为 1 天文单位)，水星的 $e = 0.206$，代入(27)式计算水星近日

点的旋转。考虑到水星 100 年绕日运行为 420 周,即得出每 100 年水星近日点旋转角 $\varPhi = 43''$。这与实际的观测是相符合的。对于人造地球卫星的观测也完全证实了相对论的行星近日点旋转公式(27)是正确的。

公式(27)中出现的 $G$,$M$,正是考虑到引力场作用的结果;式中出现光速 $c$,则正是相对论效应的结果。如果视光速为无穷大,即 $c \to \infty$,则(27)式得出 $\varPhi = 0$,这便回到经典力学的结论了。由此可见,爱因斯坦的相对论力学不仅概括了经典力学的合理内容,而且在认识自然、解释自然、改造自然方面比之于牛顿的经典力学要更深刻些、更全面些、更接近客观世界。

## 附录6　从天体运行推导引斥力公式

牛顿由开普勒行星运动定律得到万有引力定律,但牛顿是通过怎样的过程得到万有引力定律的,人们并不详尽知道。1687年,牛顿在《自然哲学之数学原理》这一巨著中,应用欧几里得几何的方法,论述了怎样用引力定律解释开普勒行星运动三定律。牛顿的引力理论取得了包括预言新行星等一系列重大成果,至今仍是天体力学的理论基础。但是,应用牛顿的引力理论不能解释水星近日点的旋转,这是牛顿引力理论的一个困难。

1913 年,爱因斯坦应用非欧几何的方法,提出了万有引力的度规场理论。1915 年,他完成广义相对论,发表了《用广义相对论解释水星近日点的运动》一文(见商务印书馆 1977 出版的《爱因

斯坦文集》第二卷）。爱因斯坦的引力理论解决了牛顿引力理论
的困难。"天文学一直未能满意解释的水星近日点运动获得了说
明。"（爱因斯坦. 相对论的意义［M］. 北京：科学出版社，1964：
60－63.）

　　场与力是相互联系的。我这样思考：如果开普勒当初观察行
星运动时，一开始就发现行星运行轨道的近日点在旋转，那么，由
此可以得到什么样的引力公式呢？沿着这一思路，即承认天体运
行的观测事实，并应用力学原理和广义相对论，从而得出了引斥
力公式。

　　我们把开普勒第一定律，根据新的天文观测作了推广。不仅
承认椭圆轨道的近日点旋转是一个天文观测事实，而且推而广
之，承认所有沿圆锥曲线轨道运行的天体的近日点都在旋转。开
普勒第二定律，天体运行时面积速度保持不变。这是动量矩守恒
的必然结果，这个定律具有普遍性。然而，开普勒行星运动第三
定律 $\frac{T^2}{a^3}=H$，$H$ 为一常数，则没有普遍性。因为，只有椭圆轨道才
有运行周期 $T$ 和轨道长半轴 $a$。抛物线轨道没有有限的 $T$ 和明确
的 $a$，双曲线轨道也没有有限的周期 $T$；其次，开普勒第三定律的
表述为 $\frac{T^2}{a^3}=\frac{4\pi^2}{GM}=H$，但精确的表述应为 $\frac{T^2}{a^3}=\frac{4\pi^2}{G(M+m)}=H'$，可
见，对不同质量 $m$ 的天体，在绕质量为 $M$ 的中心天体沿椭圆轨道
运行时，$\frac{T^2}{a^3}$ 的比值 $H'$ 并不是一常数。因此，我们认为在从天体运
行的观测出发推导引力公式时，为了推导的普遍性，不应当用开

力 学 与 航 天

普勒第三定律。

　　还必须指出:如果不应用开普勒第三定律,是能够推导出牛顿的万有引力定律的。因为既然在推导中自始至终都是作为理想的二体问题来考虑,就完全可以把行星绕日运行时的 $4B^2/p$ 认为是一恒量,即对一特定行星轨道半通径 $p$ 一定,面积速度 $B$ 也一定,则可以认为 $4B^2/p = \mu$,$\mu$ 为一恒量。对于多体问题,天体之间的引力相互作用及其运动规律,原则上还没有解决。对于理想的二体问题,这样处理是合理的。

　　下面推导出新的引力公式,我们称之为引斥力公式,是以两个定律作为推导的前提。

　　定律 I:行星绕太阳做圆锥曲线轨道运动,且圆锥曲线的近日点又在绕中心天体旋转,其轨道方程为

$$r = \frac{p}{1 + e\cos \sigma\theta} \tag{28}$$

其中 $p$ 为半通径,$e$ 为离心率,$\theta$ 为极角,$\sigma$ 为一常数。

　　定律 II:行星绕日运行时,其面积速度 $B$ 不变,即

$$B = \frac{1}{2}rv\sin \alpha = 常数 \tag{29}$$

其中 $\alpha$ 为太阳至行星的矢径 $r$ 与速度 $v$ 之间的夹角。

　　根据上述两个天体运行的规律,推导引斥力公式。

　　由极坐标中的曲率半径公式,且应用切线变换

$$\tan \alpha = \frac{r}{r_\theta'} \tag{30}$$

求得进动的圆锥曲线轨道的曲率半径公式为

180

$$\rho = \frac{p}{\sin^3 \alpha} \left[ \frac{r}{r\sigma^2 + p(1 - \sigma^2)} \right] \tag{31}$$

设行星质量为 $m$,中心天体(太阳)的质量为 $M$,将太阳对行星的力 $f$,分解为切向的力 $f_\tau$ 和法向的力 $f_n$(见图6)。

根据力学定律

$$f_n = m \frac{v^2}{\rho} \tag{32}$$

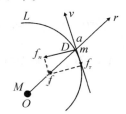

图6

将式(29)、(31)代入式(32),考虑到 $f_n = f\sin \alpha$,则得

$$f = m \frac{4B^2}{pr^2} \left[ \sigma^2 + \frac{p(1 - \sigma^2)}{r} \right] \tag{33}$$

令 $\frac{4B^2}{p} = \mu$,$\mu$ 为一常数,则

$$f = \frac{\mu m}{r^2} \left[ \sigma^2 + \frac{p(1 - \sigma^2)}{r} \right] \tag{34}$$

根据运动的相对性,得知行星对太阳的力 $f'$ 应为

$$f' = -\frac{\mu' M}{r^2} \left[ \sigma^2 + \frac{p(1 - \sigma^2)}{r} \right] \tag{35}$$

$|f| = |f'|$,则得 $\frac{\mu}{M} = \frac{\mu'}{m} = G$,$G$ 为一常数

则知

$$\frac{4B^2}{p} = GM \tag{36}$$

于是由式(34)、(35)得到万有引力的新公式

$$f = \frac{GMm}{r^2} \left[ \sigma^2 + \frac{p(1 - \sigma^2)}{r} \right] \tag{37}$$

根据广义相对论,对于行星近日点旋转有

$$\sigma^2 = 1 - \frac{6GM}{c^2 p} \tag{38}$$

令 $$\Lambda^2 = \frac{6GM}{p} \tag{39}$$

当 $\sigma\theta = 90°$，由式（28）知 $p = r$，而第二宇宙速度 $v_{\text{II}} = \sqrt{\dfrac{2GM}{r}}$，则知

$\Lambda = \sqrt{3} v_{\text{II}}$。即 $\Lambda$ 具有速度的量纲，$C$ 为光速，则式（38）为

$$\sigma^2 = 1 - \frac{\Lambda^2}{c^2} \tag{40}$$

$c > \Lambda$，则知 $\qquad\qquad 0 < \sigma < 1$

将式（40）代入式（37）得

$$f = \frac{GMm}{r^2}\left(1 - \frac{\Lambda^2}{c^2}\right) + \frac{GMmp}{r^3}\left(\frac{\Lambda^2}{c^2}\right) \tag{41}$$

新的引力公式，既包括引力，又包括斥力，称之为引斥力公式。正号表示引力，负号表示斥力。式（37）、（41）均有 $f_{引}$ 和 $f_{斥}$ 两部分

$$f = f_{引} + f_{斥} \tag{42}$$

$c \gg \Lambda$ 时，$\sigma = 1$，引斥力公式（37）、（41）即化为牛顿的万有引力公式

$$f = \frac{GMm}{r^2}$$

由此可见，引斥力公式包括了牛顿的引力公式。从引斥力公式出发，列出动力学微分方程便可解释行星近日点旋转。

下面应用引斥力公式，推导出进动圆锥曲线轨道的能量方程和离心率公式。

取无穷远处的引斥势能为零,即 $U_\infty = 0$。根据引斥力公式,应用积分不难得知引斥力的势能公式为

$$U_r = -\Big[ \frac{GMm\sigma^2}{r} + \frac{GMmp(1-\sigma^2)}{2r^2} \Big] \tag{43}$$

设 $E$ 为行星的总机械能,由能量守恒知

$$\frac{1}{2}mv^2 - \Big[ \frac{GMm\sigma^2}{r} + \frac{GMmp(1-\sigma^2)}{2r^2} \Big] = E \tag{44}$$

将式(29)、(36)代入式(44)得

$$\frac{GMmp}{2r^2\sin^2\alpha} - \frac{GMm\sigma^2}{r} - \frac{GMmp(1-\sigma^2)}{2r^2} = E \tag{45}$$

将进动圆锥曲线轨道方程(28)实行切线变换(30),则得进动圆锥曲线轨道的切线坐标方程

$$\frac{p}{2r^2\sin^2\alpha} - \frac{1}{r} + \frac{p(1-\sigma^2)}{2r^2\sigma^2\tan^2\alpha} = \frac{e^2-1}{2p} \tag{46}$$

用 $GMm\sigma^2$ 乘上式得

$$\frac{GMmp\sigma^2}{2r^2\sin^2\alpha} - \frac{GMm\sigma^2}{r} + \frac{GMmp(1-\sigma^2)}{2r^2\tan^2\alpha}$$

$$= \frac{GMm\sigma^2(e^2-1)}{2p} \tag{47}$$

(45)式减(47)式得

$$\frac{GMmp(1-\sigma^2)}{2r^2\sin^2\alpha} - \frac{GMmp(1-\sigma^2)}{2r^2}(1+\cot^2\alpha)$$

$$= E - \frac{GMm\sigma^2(e^2-1)}{2p} \tag{48}$$

但
$$1 + \cot^2\alpha = \frac{1}{\sin^2\alpha}$$

则由(48)式即得

$$E = \frac{GMm\sigma^2(e^2-1)}{2p} \tag{49}$$

于是得天体沿进动圆锥曲线轨道运行的能量方程为

$$\frac{1}{2}mv^2 - \frac{GMm\sigma^2}{r} - \frac{GMmp(1-\sigma^2)}{2r^2}$$

$$= \frac{GMm\sigma^2(e^2-1)}{2p} \tag{50}$$

由(50)式可得离心率公式

$$e^2 = 1 - \frac{p}{GM\sigma^2}\left(\frac{2GM\sigma^2}{r} - v^2\right) - \frac{p^2(1-\sigma^2)}{r^2\sigma^2} \tag{51}$$

由式(36)、(29)知 $\quad p = \frac{r^2v^2\sin^2\alpha}{GM} \tag{52}$

则得离心率公式为

$$e = \sqrt{1 - \frac{r^2v^2\sin^2\alpha}{G^2M^2\sigma^2}\left(\frac{2GM\sigma^2}{r} - v^2\right) - \frac{r^4v^4(1-\sigma^2)\sin^4\alpha}{G^2M^2\sigma^2}} \tag{53}$$

当 $c \gg \Lambda$ 时，$\sigma = 1$，则新的引斥势能公式(43)即化为牛顿的引力势能公式(见附录4)

$$U_r = -\frac{GMm}{r} \tag{54}$$

能量方程(50)即化为式(1.21)(见附录2)

$$\frac{1}{2}mv^2 - \frac{GMm}{r} = \frac{GMm(e^2-1)}{2p} \tag{55}$$

离心率公式(53)即化为式(3.20)

$$e = \sqrt{1 - \frac{r^2v^2\sin^2\alpha}{G^2M^2}\left(\frac{2GM}{r} - v^2\right)} \tag{56}$$

184

## 附录7　万有引力定律与开普勒定律的新推导

下面,应用切线坐标方法,首先从推广的开普勒行星运动定律推导出万有引力定律;然后又从万有引力定律推导开普勒行星运动定律。本书作者提出的切线坐标方法较为简捷。

附录3中,应用切线变换 $\tan \alpha = \dfrac{r}{dr/d\theta}$,推得圆锥曲线统一的曲率半径公式为

$$\rho = \frac{p}{\sin^3 \alpha} \tag{57}$$

其中 $p$ 为圆锥曲线的半通径,$\alpha$ 为矢径 $r$ 与切线之间的夹角。

下面采用一种新方法,从推广的开普勒行星运动定律出发,推导出牛顿万有引力定律。根据天文观测,质量为 $m$ 的行星,在质量为 $M$ 的中心天体的引力作用下,是按照圆锥曲线轨道运动,并非仅仅是开普勒第一定律所指出的椭圆轨道。

在图6中,设 $L$ 是天体运动的圆锥曲线轨道,$D$ 为曲线上任一点。质量为 $m$ 的行星在 $D$ 点受到 $O$ 点处的中心天体 $M$ 的引力。把沿 $DO$ 方向的引力 $f$ 分解为法向分力 $f_n$ 和切向分力 $f_\tau$。

切向分力 $f_\tau$ 不会使行星做曲线运动,只有法向分力 $f_n$ 才使行星的轨道弯曲,从而产生向心加速度。由牛顿第二定律知

$$f_n = \frac{mv^2}{\rho} \tag{58}$$

而

$$f_n = f \sin \alpha \tag{59}$$

开普勒第二定律,可表为面积速度 $B$ 不变, $B$ 的公式为

$$B = \frac{1}{2}rv\sin\alpha \tag{60}$$

则有
$$v^2 = \frac{4B^2}{r^2\sin^2\alpha} \tag{61}$$

将式(57)、(59)、(61)代入(58)式得

$$f = \frac{4B^2m}{pr^2} \tag{62}$$

在这两体问题中,轨道半通径 $p$ 和面积速度 $B$ 均为常量。则可设 $\frac{4B^2}{p}=\mu$, $\mu$ 为一常量,则(62)式化为

$$f = \frac{\mu m}{r^2} \tag{62}$$

根据牛顿第三定律,行星对中心天体也有相同大小的引力,但方向相反,即有

$$f' = -\frac{\mu'M}{r^2} \tag{64}$$

而
$$|f| = |f'|$$

则知
$$\frac{\mu}{M} = \frac{\mu'}{m} = G \tag{65}$$

$G$ 为一新常数,将式(65)代入式(63)、(64)得

$$f = \frac{GMm}{r^2} \tag{66}$$

对不同的行星进行观测和计算,得知常数 $G$ 为一普适常数,称为万有引力常数。公式(66)即为牛顿万有引力定律的公式。

上述的推导比以往的推导更具有广泛性,不仅对椭圆轨道成立,对所有的圆锥曲线轨道都成立。推导中把开普勒第一定律作了推广;应用了开普勒第二定律,这一定律是角动量守恒的表述,具有普遍性;推导中没有用开普勒第三定律 $T^2/a^3 =$ 常量。这是因为只有椭圆轨道才能说有周期 $T$,而抛物线、双曲线轨道是非闭合曲线,没有确切的周期值,因而不用开普勒第三定律是合理的。从普遍性、直观性、简明性看,我们这里所用的新方法,优越于其他从开普勒定律推导万有引力定律的方法。

下面,反过来从万有引力定律推导开普勒行星运动定律。

万有引力定律表为

$$f = \frac{GMm}{r^2} \tag{67}$$

天体做曲线运动,则在任一点上受引力的法向分力 $f_n$ 产生的向心加速度为

$$w = \frac{v^2}{\rho} \tag{68}$$

其中 $\rho$ 为曲率半径,$v$ 为天体运行的速度。

由牛顿第二定律,则有

$$f_n = \frac{mv^2}{\rho} \tag{69}$$

应用切线坐标,引力的法向分力 $f_n$ 为

$$f_n = f\sin \alpha \tag{70}$$

天体运行的面积速度公式为[见本书(2.3)式]

$$B = \frac{1}{2}rv\sin \alpha \tag{71}$$

由式(67)、(69)、(70)、(71)可得

力学与航天

$$\rho = \frac{4B^2/GM}{\sin^3 \alpha} \tag{72}$$

在《牛顿力学的横向研究》一书中,作者应用切线坐标变换,证明了一般计算曲率半径的公式为

$$\rho = \frac{r}{\sin \alpha} \frac{1}{1 + \dfrac{\mathrm{d}\alpha}{\mathrm{d}\theta}} \tag{73}$$

由式(72)、(73)可得

$$\frac{\mathrm{d}\alpha}{\mathrm{d}\theta} = \frac{r\sin^2 \alpha}{4B^2/GM} - 1 \tag{74}$$

圆锥曲线的切线坐标判据为

$$\frac{\mathrm{d}\alpha}{\mathrm{d}\theta} = \frac{r\sin^2 \alpha}{p} - 1 \tag{75}$$

(75)式是不难证明的,下面是简要的证明过程。

圆锥曲线的极坐标方程为

$$r = \frac{p}{1 + e\cos \theta} \tag{76}$$

$$r_\theta' = \frac{\mathrm{d}r}{\mathrm{d}\theta} = \frac{pe\sin \theta}{(1 + e\cos \theta)^2} = \frac{r^2 e\sin \theta}{p} \tag{77}$$

$$\tan \alpha = \frac{r}{\mathrm{d}r/\mathrm{d}\theta} \tag{78}$$

由式(77)、(78)得

$$\tan \alpha = \frac{p}{re\sin \theta} \tag{79}$$

则有

$$\cot \alpha = \frac{re\sin \theta}{p} = \frac{e\sin \theta}{(1 + e\cos \theta)} \tag{80}$$

188

微分上式得

$$-\frac{1}{\sin^2\alpha}\frac{\mathrm{d}\alpha}{\mathrm{d}\theta} = \frac{r}{p} + \frac{r^2(e^2-1)}{p^2} \tag{81}$$

由圆锥曲线的切线坐标方程(见附录2)得

$$e^2 - 1 = \frac{2p^2}{2r^2\sin^2\alpha} - \frac{2p}{r} \tag{82}$$

将式(82)代入式(81)则得圆锥曲线的切线坐标判据,即

$$\frac{\mathrm{d}\alpha}{\mathrm{d}\theta} = \frac{r\sin^2\alpha}{p} - 1 \tag{83}$$

(83)式得证。

比较(74)和(75)两式,得知

$$\frac{4B^2}{GM} = p \tag{84}$$

则知在万有引力作用下,天体沿着圆锥曲线轨道运行——这便是推广的开普勒行星运动第一定律。即在万有引力作用下,天体不仅是按椭圆轨道运行,而且还可能以抛物线轨道或双曲线轨道运行。这与天文观测是一致的。

由(84)式得

$$B = \frac{\sqrt{GMp}}{2} \tag{85}$$

对同一个天体运行的轨道,$G$,$M$(中心天体的质量),$p$ 均为常数,则知天体沿着圆锥曲线轨道运行时,其面积速度 $B$ 为一常数,即

$$B = \frac{1}{2}rv\sin\alpha = 常数 \tag{86}$$

这便是开普勒行星运动第二定律。推导毕。

最后,为了完美,顺便验证公式(73)的正确性。验证如下:

由附录 3 证明了圆锥曲线的曲率半径公式为

$$\rho = \frac{p}{\sin^3 \alpha} \qquad (87)$$

将式(87)代入式(83)即得

$$\rho = \frac{r}{\sin \alpha} \cdot \frac{1}{1 + \dfrac{\mathrm{d}\alpha}{\mathrm{d}\theta}}$$

这便验证了公式(73)的正确性。请读者自己证明公式(73)。

## 附录8　张景中院士给出的证明摘录*

在《力学与航天》一书中,作者查有梁教授提到了他发现的一个计算圆锥曲线曲率的简单公式。设圆锥曲线的极坐标方程式为 $r = \dfrac{p}{1 + e\cos\theta}$ ,又设 $\alpha$ 是曲线某点 $A$ 处的切线与该点关于极点的向径所成的夹角,则 $A$ 点的曲率半径为 $\rho = \dfrac{p}{\sin^3 \alpha}$。

这个公式大大优于传统公式。查教授曾告诉笔者,他多年寻求这一公式的初等证明而未获成功。在这里,我们就用面积方法给出上述公式的一种证明。

[例 4.4.12]　设圆锥曲线 $\Gamma$ 在极坐标系$(\theta, r)$中的方程式

　　*　张景中,曹培生.从数学教育到教育数学[M].北京:中国少年儿童出版社,2010,52-54.

为 $r = \dfrac{p}{1 + e\cos\theta}$，$\alpha$ 是 $\Gamma$ 上某点 $A$ 处的切线与该点关于极点的向径所成的夹角，则 $\Gamma$ 在 $A$ 点的曲率半径为 $\rho = p\sin^{-3}\alpha$。

证明：图 $4-30$ 画出了圆锥曲线 $\Gamma$ 的一部分。极坐标的极点为 $O$，极轴为 $OM$。曲线 $\Gamma$ 的方程式为 $r = r(\theta)$，$A$、$B$、$C$ 是 $\Gamma$ 上的 3 个点，并且有 $\angle BOA = \angle AOC = h$。又设 $OA = r$，$OB = r_1$，$OC = r_2$，$OA$ 与 $BC$ 交于 $D$。分别以 $a$、$b$、$c$ 记 $\triangle ABC$ 的 3 条边

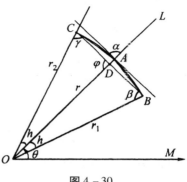

图 $4-30$

$BC$、$CA$、$AB$；而 $\angle AOM$、$\angle BOM$、$\angle COM$、$\angle ADB$、$\angle ABO$、$\angle ACO$ 顺次记作 $\theta$、$\theta - h$、$\theta + h$、$\varphi$、$\beta$、$\gamma$，则有 $r = r(\theta)$，$r_1 = r(\theta - h)$，$r_2 = r(\theta + h)$ 等等。

设 $\triangle ABC$ 的外接圆半径为 $\rho(\theta, h)$，则 $\Gamma$ 在 $A$ 处的曲率半么 $\rho(\theta) = \lim\limits_{h \to 0}\rho(\theta, h)$ 可由 $\triangle ABC$ 的面积及其 3 边长来确定，也就是有

$$\frac{1}{\rho(\theta, h)} = \frac{4\triangle ABC}{abc}。 \tag{1}$$

由 $$\triangle ABC = \frac{a}{2}AD\sin\varphi = \frac{a}{2}(r - OD)\sin\varphi， \tag{2}$$

又由 $$\triangle OBC = \triangle OBD + \triangle OCD，$$

得 $$\frac{1}{2}r_1 r_2 \sin 2h = \frac{1}{2}r_1 \cdot OD\sin h + \frac{1}{2}r_2 \cdot OD\sin h。$$

把 $\sin 2h = 2\sin h\cos h$ 代入后得到

力学与航天

$$OD = \frac{2r_1 r_2 \cos h}{r_1 + r_2}。 \tag{3}$$

再利用 $\dfrac{r_r \sin h}{b r_2 \sin \gamma} = \dfrac{\triangle OAB}{\triangle OAC} = \dfrac{c r_2 \sin \beta}{r r_2 \sin h}$ 得

$$bc = \frac{r^2 \sin^2 h}{\sin \beta \sin \gamma}。 \tag{4}$$

把式(2)、(3)、(4)代入式(1),令 $h$ 趋近于 0 得

$$\lim_{h \to 0} \frac{1}{\rho(\theta, h)} = 2\sin^3 \alpha \cdot \lim_{h \to 0} \frac{r - \dfrac{2r_1 r_2}{r_1 + r_2}\cos h}{r^2 \sin^2 h}, \tag{5}$$

再利用 $\Gamma$ 的方程式得

$$r = \frac{p}{1 + e\cos \theta},$$

$$r_1 = \frac{p}{1 + e\cos(\theta - h)},$$

$$r_2 = \frac{p}{1 + e\cos(\theta + h)}。$$

代入(5)式取极限可得

$$\frac{1}{\rho(\theta)} = \frac{\sin^3 \alpha}{p}。$$

此即所求公式。

## 附录9　闫金铎*教授的评审意见摘录

力学、天文学和数学,是创建科学方法的先驱,今天,已建立起新的科学体系,开辟了许多新的领域。物理学的基本因素有三:实验、科学思维方法、数学。本书作者,力图把数学与物理学结合起来,更好地掌握物理规律,并落实在空间科学、航天技术方面的一些应用。本书创建了讲述天体运动和星际航行的新结构。

突出的特点是:

1. 数学与物理结合,并注重实际应用,可作为理论与实践结合的示范;

2. 在教学中,解决各学科之间,特别是数、理密切横向联系的问题,是一个典范,对教学具有指导意义;

3. 观点高,且针对读者对象,由浅入深,是属于再创造的一个新成果。

总之,本书是一本优秀读物(教材、参考书),具有理论和实际意义,是一个优秀的成果。

闫金铎

---

\* 闫金铎,教授,北京师范大学教育科学研究所所长,国家教委物理教学指导委员会组长

## 附录10　王忠亮*教授的评审意见摘录

　　……用初等数学方法的牛顿力学,表述了"天体运行的规律"与"人造卫星和星际航行"等问题,理论严谨,结构新颖,具有独创见解。

　　本书的认识意义和职能意义,主要有三点:

　　一、牛顿力学是物理学与明晰数学相结合的严密科学,是使物理学成为精确科学的先导。同时,牛顿力学及其应用,也成为"科学逻辑"的一支柱石。

　　这本书给读者以新观念和逻辑思维的启发。

　　二、当今《大学基础物理》教材改革,影响较大的是美国正在进行的"IVPP"规划,在其若干改革目标中,使《基础物理学》教材现代化,要处理妥当经典物理与现代物理学的关系,便是一个讨论十分热烈的课题,本书可为这个方面提供职能意义的范例。

　　三、本书可作为高中物理教参,素质好的学生,理、工科大学生及物理教师的教学参考书……

　　综上所述,我认为这本书是一项优秀研究成果。

王忠亮

---

　　*　王忠亮,四川师范大学物理系教授,曾任四川省普通高等学校教学优秀成果评审委员会委员兼学科组副组长

## 附录11　苏刚*教授的评审意见摘录

这是一本很有意义的书。这本书的学术价值很高,有以下几个方面属于作者的新贡献,其中有的达到了世界新前沿:

第一,提出切线坐标法,并以切线坐标法贯穿全书,从而形成了一个讲述天体运行与星际航行的新体系,包括建立圆锥曲线方程的新形式;给出计算曲率半径的新公式;推导出天体运行的统一的能量公式,由此进而推导出天体运行的离心率公式。

第二,以新的方式给出万有引力定律与开普勒定律的相互推导。

第三,应用牛顿力学和广义相对论,推导出进动圆锥曲线的轨道新公式,进而推导出以牛顿万有引力定律为其组成部分的引斥力公式,给恩格斯的著名论断"真正的物质理论必须给予排斥以和吸引同样重要的地位"以有力的科学证明,也就是给宇宙永恒性以强有力的科学证明。

第四,推导出广义不确定原理,将微观粒子的不确定原理扩充到宏观物质及人类社会关系中,证明人类信息的统计性质,即确定性及不确定性的统一。这是一个重大的科学跃进。

这本书高中学生经过努力可以读懂,使他们开阔眼界,在这方面涉猎科学前沿,培养辩证唯物主义世界观,为他们面向现代化、面向世界、面向未来打下基础。

---

\*　苏刚,《物理教育研究》(季刊)顾问,曾任辽宁师范大学物理系教授。

作者有大科学家的气质和适当能力,若给他和世界上在这方面的著名科学家交流的机会,定能在这方面作出更大的贡献,为祖国争光。

苏 刚

## 附录 12  《物理教学探讨》上发表的书评摘录

这是一本数学、力学、航天学有机结合的科普专著。

我有幸先睹,确感该书颇佳,不禁想谈点个人看法:

1. 该书系统清晰、逻辑紧凑、结构完美。第一章从椭圆、抛物线、双曲线的数学基础知识入手逐步演出圆锥曲线统一的曲线方程和曲率半径公式;第二章由牛顿三定律、万有引力定律起步,巧妙地导出行星运动三大定律,再转而与第一章结合推出天体运动的统一能量方程;第三章综合一、二两章的结论得出第一、二、三宇宙速度公式,再把宇宙速度和能量方程引入圆锥曲线的离心率公式中,完成了对人造地球卫星运行轨道的定量描述……全书紧凑严密、前后呼应浑然一体。

2. 该书立意新颖、不落俗套。开篇似讲数学,而后由数学到力学、再进而研究星际航行理论。这种多学科的有机结合,不仅使对数学中比较抽象的圆锥曲线的研究生动形象,也使物理学问题的解决运用了巧妙的数学推理更显得逻辑严密。特别是作者创造性地引进了新的坐标系——切线坐标系,因而用初等数学知识成功地推出了圆锥曲线统一的能量方程。其技巧令人惊讶不已！也足见作者数学功底之深厚。

3. 该书深入浅出、运用数学和力学的基础理论逐步演出现代星际航行科学理论。因此,它既是一本科普性读物,也是一篇与现代科学技术相关的科学论著。该书的特点甚至于能够把现代科学技术的艰深理论通俗易懂、深入浅出地扎根存数学、力学的基础理论中,而使读者既容易读懂、又深受启迪。为此,作者还在书中的"继续探索"中进一步深入地提出了一些尚待研究和探索的新问题,以引发读者发展思考、增强智力。

该书由于深入浅出、行文流畅、结构严谨、系统严密、通俗易街,它既适宜具有高中文化水平的读者学习,也适宜于大学文化水平的读者研究。还可作为综合学科的新教材开设新课。确是一本能较好地适应广泛读者对象的科学普及和提高相结合的好书。

笔者深信,该书的问世必将获得更多读者的欢迎和喜爱。

成都市教育学院　甘宗桐

# 参 考 文 献

［1］牛顿. 自然哲学之数学原理［M］. 北京:商务印书馆,1962.

［2］钱学森. 星际航行概论［M］. 北京:科学出版社,1963.

［3］周衍柏. 理论力学［M］. 南京:江苏人民出版社,1961.

［4］易照华. 天体力学教程［M］. 上海:上海科学技术出版社,1961.

［5］P. van Kamp. *Elememts of Astromechanics*［M］. San Franciscoand London:W. H. Freeman and Company,1964.

［6］Am,J. Phys. 30,1962,629.

［7］爱因斯坦文集. 第二卷［M］. 北京:商务印书馆,1977.

［8］B. A. 福克. 空间、时间和引力理论［M］. 北京:科学出版社,1965.

［9］E. P. Ney, *Electromagnetism and Relativity*［M］. Harper & Row,Publishers. New York and Evanston,1962.

［10］查有梁. 天体运行的能量方程［J］. 力学与实践,1979,(1).

［11］查有梁. 牛顿力学的横向研究［M］. 成都:四川教育出版社,1987.

［12］查有梁. 恩格斯的《自然辩证法》对现代物理学发展的意

义[J]. 大自然探索,1983(1).

[13]查有梁. 中国古代物理中的系统观测与逻辑体系及对现代物理的启发[J]. 大自然探索,1985(1).

[14]Zha You-Liang(查有梁). *Research on Tsu Chung-Chih's*(祖冲之)*Approxmate Method for* $\pi$ [M]//*Science and Technology in Chinese Civilization*,Singapore:World Scientific Publishing Co,1986.

[15]Zha You-Liang(查有梁). *A Comparison between Ptolemy's System and Lohsia Hung's System*[C]. 17th International Congress of History of Scienoe,Berkeley,California,U. S. A. ,1985.

[16]查有梁. 论秦九韶的"缀术推星"[J]. 大自然探索,1987(4). 查有梁,等. 杰出数学家秦九韶[M]. 科学出版社,2003.

[17]查有梁. 牛顿力学的方法[J]. 自然辩证法研究,1987(5).

[18]查有梁. 系统科学与教育[M]. 北京:人民教育出版社,1993.

[19]查有梁. 引力定律的新研究[J]. 大学物理,1996(2－3).

[20]查有梁. 信息测不准关系[J]. 科学通报,1988(33):476－477;ZHA You-Liang(查有梁). *Information Uncertainty Principle*[J]. Chinese Science Bulletin,1989,34(1):86-87.

[21]查有梁. 世界杰出天文学家落下闳[M]. 成都:四川辞书出版社,2011.

[22]查有梁. 恩格斯与物理学[M]. 成都:四川辞书出版社,1999 年.

# 后 记

中国第一颗人造地球卫星,在 1970 年 4 月 24 日发射成功,开创了中国人民的航天事业。受此激励,作者完成了《力学与航天》一书的初稿。历经 40 年,这本关于数学、力学、航天等科普知识的著作,其简明创新的独特讲法,获得好评。

正当《力学与航天》新版即将出版之际,中国的"嫦娥三号"探测器于 2013 年 12 月 2 日 1 时 30 分,怀抱"玉兔号"月球车,从四川西昌卫星发射中心发射升空,成为中国航天事业的又一里程碑。"嫦娥"和"玉兔"的古代神话,变成了今天的现实。

继"神舟""嫦娥"之后,关注太空探索的西方人近日又熟悉了一个中国词汇——"玉兔"。德国《世界报》等媒体于 2013 年 12 月 1 日写道:"玉兔"是善良,纯洁和活力的象征,"嫦娥"是中国美丽的月亮女神。

"航天""航宇"两个概念,是钱学森先生首先提出来的。1963 年,钱学森先生发表《星际航行概论》,这本书的第一章是"星际航行与宇宙航行"。他将"行星际航行,简称为星际航行"。恒星际航行是宇宙航行。

钱学森先生总是在不断创新。1974 年 1 月,钱学森先生把人类在地球大气层内的飞行活动称为"航空";把在地球大气层以外,太阳系以内的飞行活动称为"航天";把飞出太阳系,在广袤无垠的宇宙空间的飞行活动称为"航宇"。这也是促使本书定名为《力学与航天》的原因之一。

2013 年 12 月 14 日 21 时 11 分,中国研制的"嫦娥三号"探测器成功落月。"玉兔"号月球车,开始了为期约三个月的探测。中国成为世界上继美国和前苏联之后,第三个独立自主实现在月球软着陆的国家。

美国专家评论:"中国正在为月球科学和探月登月所需的复杂工程作出其自身的独特贡献。中国探月任务尝试的方法和使用的工程方案是先前美苏都没有用过的。从这方面看,中国应是先驱者。"

中国的航天事业发展很快,成就巨大,举世瞩目。但是,我们仍要虚心地认识到:中国同美国和俄国的航天成就相比,还有一定差距。我们要力争后来居上。

1969 年 7 月 20 日,美国航天员阿姆斯特朗第一个踏上月球。为了纪念人类首次登月成功,作者写了一首诗,也希望能够以此激励大家,不断创新,不断向前。


## 登　月


美国航天员阿姆斯特朗,

登上月球的那一瞬间,

说出了一句千古名言:

个人的一小步，人类的一大步。

这一大步是三十八万千米，
这一小步是从登月舱跳下。
他身穿着沉重的航天服，
在引力很小的月面上跨步。

遥望蓝色可爱的地球，
比任何天体都要巨大。
日月食图像变换，别有洞天，
日食看到地球表面移动黑点。

登月航天在地球引力之家，
飞出太阳系航宇，还远吗？

> 作者 2013 年 12 月 15 日
> 写于四川成都百花潭公园